ISBN 978-3-662-22910-1   ISBN 978-3-662-24852-2 (eBook)
DOI 10.1007/978-3-662-24852-2

Sonder-Abdruck aus:
Jahrbuch der Motorluftschiff-Studien-Gesellschaft 1912—1913.

Einleitung.

Die folgende Arbeit bietet einige Beispiele zur Theorie über das Gleichgewicht von Flächen, die gegebenen äußern Kräften unterworfen sind; entsprechend dem Zwecke der Abhandlung, eine Aussage über die Spannungen zu geben, die in Ballonhüllen auftreten, beziehen sich die behandelten Fälle nur auf Rotationsflächen; dabei werden als äußere Kräfte jene angenommen, die tatsächlich auf Ballonhüllen einwirken.

Die Arbeit entstand auf Anregung meines hochverehrten Lehrers, Herrn Geh. Hofrat Prof. Dr. S. Finsterwalder, dem ich dafür und für seinen wohlwollenden Rat bei der Ausarbeitung meinen besten Dank ausspreche.

Von den Arbeiten, die über die Theorie des Gleichgewichts biegsamer und unausdehnbarer Flächen vorliegen, diente dieser Abhandlung die Arbeit Lecornus: Sur l'Equilibre des surfaces flexibles et inextensibles (Journal de l'Ecole Polytechnique, Cah. 48, Tome 29, 1880) als hauptsächliche Grundlage. Soweit sie in Betracht kommen, seien ihre Resultate kurz wiedergegeben, wobei für die in der Flächentheorie auftretenden Größen nicht die Lecornu'schen Zeichen, sondern die in Scheffers Theorie der Flächen gebrauchten Bezeichnungen verwendet werden.

Ist eine Fläche unter Einwirkung von Kräften im Gleichgewicht, so bildet sich auf ihr ein Spannungszustand aus, indem auf jedes Linienelement der Fläche eine nach Größe und Richtung bestimmte Spannung wirkt; d. h. würde die Fläche nach einem Linienelement aufgeschnitten, so wäre zur Erhaltung des Gleichgewichtes an den beiden Rändern des Schnittes je eine gewisse Kraft anzubringen, die für den einen Rand dieselbe Größe und die entgegengesetzte Richtung wie die am anderen Rand anzubringende Kraft hat. Diese auf die Längeneinheit reduzierte Kraft heißt Spannung, ihre Komponenten parallel und normal zum Linienelement Tangential- bzw. Normalspannung. Die Spannung variiert nicht nur von Punkt zu Punkt, sondern besitzt auch für die verschiedenen Linienelemente eines Punktes verschiedene Werte. Es sei nun auf der Fläche ein orthogonales System

---

Denselben Gegenstand behandeln:

Lecornu: Sur l'Equilibre d'une Enveloppe ellipsoidale (Annales de l'Ecole Normale Supérieure, S. III, Tome 17).

Beltrami: Equilibrio delle Superficie flessibile et inestendibile (Memoria della Accdemia di Bologna, IV. B., 1881).

Volterra: Sull' Equilibrio delle Superficie ect. (Roma Accademia dei Lincei Atti, Serie III, Vol. 8, 1883—1884.

Morera: Sull' Equilibrio delle Superficie ect. (R. Accademia dei Lincei, III, 7, 1882—1883).

E. Daniele: Sull' Equilibrio delle Reti (Rendiconti dell' Circolo Matematico di Palermo, Tome XIII, 1899).

von Parameterlinien u, v gegeben; im Punkte u, v seien n_1 und t_1 Normal- und Tangentialspannung der U-Linie (v = const), n_2 und t_2 dasselbe für die V-Linie (u = const) (Fig. 1). Über den Sinn dieser Spannungen gibt Fig. 2 Aufschluß: n_1 und n_2 sind positiv, wenn sie in das Innere des von den Punkten u, v; u + du, v; u, v + dv; u + du, v + dv; gebildeten Rechteckes gerichtet sind; demnach sind n_1 und n_2 Druckspannungen, wenn sie positives Zeichen haben; negative Spannungen wirken als Zugspannungen. t_1 und t_2 sind positiv, wenn sie im Punkte u, v entgegengesetzt dem wachsenden u bzw. v gerichtet sind.

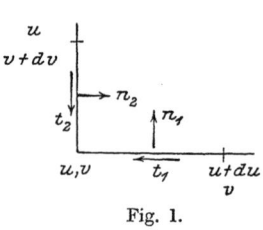

Fig. 1.

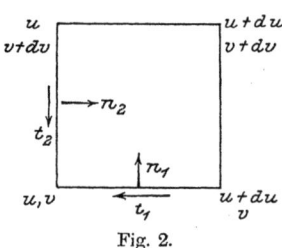

Fig. 2.

Die Gleichgewichtsbedingungen, angewandt für ein unendlich kleines Dreieck, ergeben $t_1 = t_2 = t$ und die Komponenten der Spannung, welche ein unter dem Winkel α gegen die U-Linie geneigtes Element erleidet, zu

1)   Normalkomp. $N = n_1 \cos^2 \alpha + n_2 \sin^2 \alpha + 2 t \sin \alpha \cos \alpha$
      Tangentialkomp. $T = t (\cos^2 \alpha - \sin^2 \alpha) - (n_1 - n_2) \sin \alpha \cos \alpha$.

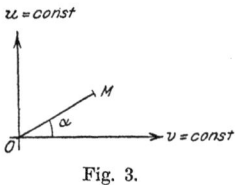

Fig. 3.

Sind an einem Punkt also die drei Größen n_1, n_2 und t bekannt, so kann für jedes durch diesen Punkt gehende Linienelement die Spannung aus den Gleichungen 1 berechnet werden. Zu einer einfachen geometrischen Deutung des Spannungszustandes in einem Flächenpunkte gelangt man auf folgende Weise: Trägt man vom Punkte u, v (siehe Fig. 3) in der Richtung des Linienelementes, d. h. in Richtung α die Strecke $OM = \dfrac{1}{\sqrt{N}}$ ab, so hat M in bezug auf das von U- und V-Linie gebildete System die Koordinaten $x = \dfrac{\cos \alpha}{\sqrt{N}}$, $y = \dfrac{\sin \alpha}{\sqrt{N}}$. Aus Gleichung 1) folgt dann, daß M bei Veränderung von α den Kegelschnitt: $n_1 x^2 + 2 t x y + n_2 y^2 = 1$ beschreibt. Das Quadrat des Radiusvektors ist $x^2 + y^2 = \dfrac{1}{N}$ und stellt also den reziproken Wert der normalen Spannung dar, welche ein in Richtung des Radiusvektors orientiertes Element erleidet. Außerdem läßt sich zeigen, daß die totale auf OM wirkende Spannung in der zu OM bezüglich des Kegelschnitts konjugierten Richtung wirkt. Daraus folgt, daß die in Richtung der Hauptachsen dieses „Spannungskegelschnittes" liegenden Linienelemente nur normaler Spannung unterliegen, während durch die Asymptoten jene Elemente bestimmt werden, die nur tangential beansprucht sind $\left(\text{denn für diese ist } \dfrac{1}{\sqrt{N}} = \infty, \text{ also } N = 0\right)$. Die Zusammensetzung dieser Linienelemente führt zu ähnlichen Kurvensystemen, wie sie bei der Frage nach der Krümmung von Flächen auftreten: zu Hauptspannungslinien analog den Krümmungslinien, zu Scherungslinien entsprechend den Asymptotenlinien und zu Systemen bezüglich der Spannung konjugierter Kurven. Dabei heißen zwei Linienelemente konjugiert bezüglich der Spannung, wenn ihre Richtungen konjugiert in bezug auf den Spannungskegelschnitt sind; dann besitzt also die totale Spannung des einen Linienelementes die Richtung des konjugierten Linienelementes und umgekehrt. Die Achsenrichtungen des Spannungskegelschnittes sind gegeben durch $\operatorname{tg} 2\alpha = \dfrac{2t}{n_1 - n_2}$; dies führt, wenn $E\,du^2 + G\,dv^2$ das Bogenelement der Fläche ist, zur Differentialgleichung der Hauptspannungslinien:

$$G\,t\,dv^2 + \sqrt{EG}\,(n_1 - n_2)\,du\,dv - E\,t\,du^2 = 0.$$

Die Gleichung der Scherungslinien ergibt sich durch Nullsetzen der quadratischen Glieder des Kegelschnitts zu:

$$n_1\,E\,du^2 + 2\,t\sqrt{EG}\,du\,dv + n_2\,G\,dv^2 = 0.$$

Zwei konjugierte Kurvensysteme sind durch:

$$n_1\,E\,du_1\,du_2 + t\sqrt{EG}\,(du_1\,dv_2 + du_2\,dv_1) + n_2\,G\,dv_1\,dv_2 = 0$$

verbunden.

Die auf die Flächeneinheit bezogenen äußeren Kräfte zerlegen sich in die Komponenten F_1, F_2, Φ in Richtung der Linien $v = \text{const}$ und $u = \text{const}$ und der Flächennormalen. Der Richtungssinn ist dadurch festgelegt, daß der Sinn der wachsenden u und v auch der positive Sinn von F_1 bzw. F_2 ist; Normalkomponente Φ ist positiv, wenn sie dieselbe Richtung wie die positive Flächennormale hat.

Der Spannungszustand in einem Flächenpunkt ist bekannt, wenn man dort die Werte von n_1, n_2, t kennt; diese Werte ändern sich von Punkt zu Punkt, $n_1\,n_2\,t$ sind Funktionen von u und v. Für sie fand Lecornu durch Anwendung des Prinzips der virtuellen Verschiebungen folgende Grundgleichungen:

2)
$$\dfrac{1}{\sqrt{E}}\dfrac{\partial n_2}{\partial u} - \dfrac{1}{\sqrt{G}}\dfrac{\partial t}{\partial v} + \dfrac{n_1 - n_2}{\rho_2} + \dfrac{2t}{\rho_1} = F_1$$

$$\dfrac{1}{\sqrt{G}}\dfrac{\partial n_1}{\partial v} - \dfrac{1}{\sqrt{E}}\dfrac{\partial t}{\partial u} + \dfrac{n_2 - n_1}{\rho_1} + \dfrac{2t}{\rho_2} = F_2$$

$$\dfrac{n_1}{R_2} + \dfrac{n_2}{R_1} - \dfrac{2t}{T} = \Phi,$$

$$\dfrac{1}{R_1} = \dfrac{L}{E}, \quad \dfrac{1}{R_2} = \dfrac{N}{G}$$

sind die normalen,

$$\dfrac{1}{\rho_1} = -\dfrac{1}{\sqrt{EG}}\dfrac{\partial \sqrt{E}}{\partial v} \quad \text{und} \quad \dfrac{1}{\rho_2} = -\dfrac{1}{\sqrt{EG}}\dfrac{\partial \sqrt{G}}{\partial u}$$

die geodätischen Krümmungen der Parameterkurven, $\frac{1}{T} = \frac{M}{\sqrt{EG}}$ die für beide gleiche geodätische Torsion, d. h. die Torsion einer die Parameterkurve im betrachteten Punkt berührenden geodätischen Linie.

In den der zweiten Glieder (F_1, F_2, Φ) beraubten Gleichungen 2 erkennen wir die Gleichungen für die infinitesimale, isometrische Transformation einer Fläche, wenn wir uns unter $n_1 \varepsilon$, $n_2 \varepsilon$, $t \varepsilon$ (ε sehr klein) die Variationen der Größen $\frac{1}{R_1}$, $\frac{1}{R_2}$, $\frac{1}{T}$ vorstellen. Ersetzt man also

$$n_1 \text{ durch } \frac{\delta \frac{1}{R_1}}{\varepsilon} = \frac{\delta \frac{L}{E}}{\varepsilon} = \frac{\delta L}{E \cdot \varepsilon} = \frac{d}{E}$$

$$n_2 \text{ ,, } \frac{\delta \frac{1}{R_2}}{\varepsilon} = \frac{\delta \frac{N}{G}}{\varepsilon} = \frac{\delta N}{G \cdot \varepsilon} = \frac{d''}{G}$$

$$t \text{ ,, } \frac{\delta \frac{1}{T}}{\varepsilon} = \frac{\delta \frac{M}{\sqrt{EG}}}{\varepsilon} = \frac{\delta M}{\sqrt{EG}\, \varepsilon} = \frac{d'}{\sqrt{EG}}$$

so erhält man aus den Gleichungen 2 die Gleichungen für die unendlich kleinen Verbiegungen einer Fläche, wie sie z. B. bei Bianchi: Vorlesungen über Differentialgeometrie, § 163, aufgestellt sind.

Die Grundgleichungen 2) behandelt Lecornu weiter; er setzt an:

$$n_1 = n_1' + \frac{a}{R_1}; \quad n_2 = n_2' + \frac{a}{R_2}; \quad t = t' + \frac{a}{T}.$$

Die linken Seiten von 2) schreiben sich durch diese Substitution unverändert in den gestrichenen Unbekannten; die rechten Seiten werden jedoch:

$$F_1 - \frac{1}{\sqrt{E}\, R_2} \frac{\partial a}{\partial u} + \frac{1}{\sqrt{G}\, T} \frac{\partial a}{\partial v} = F_1'$$

$$F_2 - \frac{1}{\sqrt{G}\, R_1} \frac{\partial a}{\partial v} + \frac{1}{\sqrt{E}\, T} \frac{\partial a}{\partial u} = F_2'$$

$$\Phi - 2a\left(\frac{1}{R_1 R_2} - \frac{1}{T^2}\right) = \Phi'.$$

Es wird nun

$$a = \frac{\Phi}{2} \frac{1}{\frac{1}{R_1 R_2} - \frac{1}{T^2}}$$

gewählt und die äußeren Kräfte $F_1 F_2 \Phi$ in die zwei Systeme zerlegt:

1. System: Normalkraft Φ und die Tangentialkräfte:

$$\frac{1}{\sqrt{E}\, R_2} \frac{\partial a}{\partial u} - \frac{1}{\sqrt{G}\, T} \frac{\partial a}{\partial v}, \quad \frac{1}{\sqrt{G}\, R_1} \frac{\partial a}{\partial v} - \frac{1}{\sqrt{E}\, T} \frac{\partial a}{\partial u}.$$

2. System: Die tangentialen Kräfte $F_1' F_2'$ ohne Normalkräfte.

Für das erste System — das Normalsystem — verschwinden nach der angegebenen Substitution die rechten Seiten der Grundgleichungen; diese lassen daher die partikuläre Lösung $n_1' = n_2' = t' = 0$ zu. Die Gleichungen des 2. Systems — des Tangentialsystems — werden:

3)
$$\frac{1}{\sqrt{E}}\frac{\partial n_2'}{\partial u} - \frac{1}{\sqrt{G}}\frac{\partial t'}{\partial v} + \frac{n_1' - n_2'}{\rho_2} + \frac{2t'}{\rho_1} = F_1'$$

$$\frac{1}{\sqrt{G}}\frac{\partial n_1'}{\partial v} - \frac{1}{\sqrt{E}}\frac{\partial t'}{\partial u} + \frac{n_2' - n_1'}{\rho_1} + \frac{2t'}{\rho_2} = F_2'$$

$$\frac{n_1'}{R_2} + \frac{n_2'}{R_1} - \frac{2t'}{T} = 0.$$

Ist es gelungen, eine partikuläre Lösung $\overline{n_1'}\,\overline{n_2'}\,\overline{t'}$ dieses Systems zu finden, so reduzieren sich die Gleichungen 3) auf die der unendlich kleinen Verbiegung. Deren allgemeine Lösung ist dann den partikulären Integralen $\overline{n_1'}\,\overline{n_2'}\,\overline{t'}$ hinzuzufügen, um die allgemeine Lösung $n_1'\, n_2'\, t'$ von 3 zu erhalten. In $n_1' + \frac{a}{R_1}, n_2' + \frac{a}{R_2}$, $t' + \frac{a}{T}$ hat man dann auch die Lösungen der Grundgleichungen 2).

Für Rotationsflächen gestalten sich die Gleichungen des Tangentialsystems etwas einfacher. Ist $x = p(u)$, $z = q(u)$ die Gleichung des Meridians als Funktion der Bogenlänge u, dann heißt die Flächengleichung:

$$x = p(u)\cos v$$
$$y = p(u)\sin v$$
$$z = q(u)$$

wenn die Z-Achse zur Rotationsachse gewählt wird. Zwischen p und q besteht die Beziehung

$$p'^2 + q'^2 = 1$$

und die durch Differentiation daraus abgeleitete:

$$p'p'' + q'q'' = 0.$$

Die Fundamentalgrößen der Rotationsfläche sind dann:

$$E = 1;\quad F = 0;\quad G = p^2;\quad L = -\frac{p''}{q'};\quad M = 0;\quad N = pq';$$

ferner ist der Krümmungsradius des Meridians $R_1 = -\frac{q'}{p''}$, die Normale oder der 2. Hauptkrümmungsradius $R_2 = \frac{p}{q'}$, geodätische Torsion $\frac{1}{T} = 0$; geodätische Krümmung des Meridians $\frac{1}{\rho_1} = 0$ und die des Parallelkreises $\frac{1}{\rho_2} = -\frac{p'}{p}$

Nach Einführung dieser Größen werden die Gleichungen des Tangentialsystems:

4)
$$\frac{\partial n_2'}{\partial u} - \frac{1}{p}\frac{\partial t'}{\partial v} + (n_1' - n_2')\left(-\frac{p'}{p}\right) = F_1'$$
$$\frac{1}{p}\frac{\partial n_1'}{\partial v} - \frac{\partial t'}{\partial u} + 2t'\left(-\frac{p'}{p}\right) = F_2'$$
$$n_1'\frac{q'}{p} - n_2'\frac{p''}{q'} = 0.$$

Wird in die beiden ersten Gleichungen das sich aus der dritten ergebende $n_1' = \frac{p\,p''}{q'^2} n_2'$ eingesetzt, neue Unbekannte

$$N = n_2'\,p\,q'$$
$$T = -p^2\,t'$$

eingeführt, dann erhalten wir schließlich die Gleichungen:

5)
$$\frac{\partial N}{\partial u} + \frac{q'}{p^2}\frac{\partial T}{\partial v} = F_1'\,p\,q'$$
$$\frac{\partial T}{\partial u} + \frac{p\,p''}{q'^3}\frac{\partial N}{\partial v} = F_2'\,p^2.$$

Hierin ist

6)
$$F_1' = F_1 - \frac{q'}{p}\frac{\partial a}{\partial u}$$
$$F_2' = F_2 + \frac{p''}{p\,q'}\frac{\partial a}{\partial v}$$
$$a = \frac{\Phi}{2} R_1 R_2 = -\frac{\Phi}{2}\frac{p}{p''}.$$

Um die auf einer Rotationsfläche von den Kräften F_1, F_2, Φ hervorgerufenen Spannungen zu finden, hat man also folgenden Weg zu beschreiten: Man bilde vermittels der Gleichungen 6 die Tangentialkräfte F_1', F_2', suche die allgemeinen Lösungen N und T von 5, indem man einem aufzufindenden partikulären Integral die allgemeinen Lösungen der Gleichung der unendlich kleinen Verbiegungen hinzufügt; dann findet man $n_2' = \frac{N}{p\,q'}$, $t' = \frac{T}{p^2}$ und schließlich die Spannungen:

7)
$$n_2 = n_2' + \frac{a}{R_2} = n_2' + \frac{\Phi}{2} R_1 = n_2' - \frac{\Phi}{2}\frac{q'}{q''}$$
$$n_1 = n_1' + \frac{a}{R_1} = n_1' + \frac{\Phi}{2} R_2 = n_1 + \frac{\Phi}{2}\frac{p}{q'}$$
$$t = t'.$$

Im folgenden werden für einige Fälle Lösungen der Gleichungen 5 gegeben. Das Koordinatensystem der X Y Z ist immer ein Rechtssystem, ebenso das von Meridian-Parallelkreistangente und Flächennormale gebildete. Da der positive Sinn der Parallelkreis- und Meridiantangente der der wachsenden v bzw. u ist, kann die positive Flächennormale jedesmal leicht festgestellt werden. Die Spannung n_1, welche senkrecht zum Meridian wirkt, sei als Ringspannung, n_2 senkrecht zum Parallelkreis wirkend als Meridianspannung bezeichnet. Da sie öfters Verwendung finden werden, sind nachfolgend die Richtungskosinusse der Parameterlinien und der Flächennormale aufgeführt:

	X	Y	Z
Meridiantangente:	$\alpha_1 = p' \cos v$	$\beta_1 = p' \sin v$	$\gamma_1 = q'$
Parallelkreistangente:	$\alpha_2 = -\sin v$	$\beta_2 = \cos v$	$\gamma_2 = 0$
Flächennormale:	$\alpha_3 = -q' \cos v$	$\beta_3 = -q' \sin v$	$\gamma_3 = p'$

§ 1.

Spannungsverteilung auf Rotationsflächen, welche einem konstanten Normaldruck Φ unterliegen.

Nach der in der Einleitung entwickelten Methode bilden wir aus dem Kräftesystem $F_1 = 0$, $F_2 = 0$, Φ die Kräfte F_1', F_2' des Tangentialsystems. Es ist nach Gleichung 6):

$$a = -\frac{\Phi}{2} \frac{p}{p''} \text{ nur Funktion von u,}$$

$$F_1' = F_1 - \frac{q'}{p} \frac{\partial a}{\partial u} = \frac{\Phi}{2} \frac{q'}{p} \frac{d}{du}\left(\frac{p}{p''}\right)$$

$$F_2' = F_2 + \frac{p''}{p\,q'} \frac{\partial a}{\partial v} = 0.$$

Also werden die Gleichungen 5):

$$\frac{\partial N}{\partial u} + \frac{q'}{p_2} \frac{\partial T}{\partial v} = \frac{\Phi}{2} q'^2 \frac{d}{du}\left(\frac{p}{p''}\right)$$

$$\frac{\partial T}{\partial u} + \frac{p\,p''}{q'^3} \frac{\partial N}{\partial v} = 0.$$

Da die Belastung rotatorischen Charakter hat, wird auch die Spannung für jeden Meridian dieselbe sein, also nur von u abhängen; daraus folgt:

$$\frac{\partial N}{\partial v} = 0; \quad \frac{\partial T}{\partial v} = 0.$$

Dann ergibt die 2. Spannungsgleichung auch $\frac{\partial T}{\partial u} = 0$, also $T = $ const. Diese Konstante muß aber notwendig Null sein; denn brächten wir an einem Parallelkreis, nach welchem wir uns die Fläche aufgeschnitten denken, eine konstante Schubspannung an, so hätte diese ein Drehmoment um die Rotationsachse zufolge, das weder durch den Normaldruck Φ noch durch die Spannung $n_2 = f(u)$ kompensiert werden könnte.

Außer $t = 0$ erhalten wir aus der ersten Gleichung:

$$\frac{dN}{du} = \frac{\Phi}{2} q'^2 \frac{d}{du}\left(\frac{p}{p''}\right)$$

$$N = \frac{\Phi}{2} \int q'^2 \frac{d}{du}\left(\frac{p}{p''}\right) du + C.$$

Durch partielle Integration:
$$N = \frac{\Phi}{2}\left[q'^2 \frac{p}{p''} - \int \frac{p}{p''} 2 q' q'' du\right] + C.$$

Vermöge der Beziehung $p'p'' + q'q'' = 0$ erhält das Integral den Wert p^2.
$$N = \frac{\Phi}{2}\left[q'^2 \frac{p}{p''} + p^2\right] + C.$$

Also
$$n_2' = \frac{N}{p q'} = \frac{\Phi}{2}\left[\frac{q'}{p''} + \frac{p}{q'}\right] + \frac{C}{p q'} = \frac{\Phi}{2}[-R_1 + R_2] + \frac{C}{p q'}$$
$$n_2 = n_2' + \frac{\Phi}{2} R_1 = \frac{\Phi}{2} R_2 + \frac{C}{p q'}.$$

Die Konstante C bestimmt sich bei vielen Flächen, so bei denen, die als Tragkörper bei Ballonen Verwendung finden, aus der Forderung, daß an den Stellen $p = 0$, wo der Meridian die Rotationsachse schneidet, nicht ∞ große Spannungen auftreten; damit dies nicht eintritt, muß $C = 0$ sein. Für Flächen, bei denen dann nirgends R_2, die Normale unendlich groß ist, sind durch $C = 0$ ∞ große Spannungen vermieden. Für diese wird dann die Meridianspannung

1) $$n_2 = \frac{\Phi}{2} R_2 = \frac{\Phi}{2} \frac{p}{q'};$$

die Ringspannung ergibt sich aus $\frac{n_1}{R_2} + \frac{n_2}{R_1} = \Phi$:

2) $$n_1 = \frac{\Phi}{2} R_2 \left(2 - \frac{R_2}{R_1}\right);\;[1]$$

die Schubspannung $t = 0$.

Durch Angabe dieser 3 Größen ist der Spannungszustand einer Rotationsfläche, welche konstantem Innendruck unterliegt, vollständig beschrieben. $t = 0$ sagt aus, daß die Krümmungslinien nur normalen Spannungen unterliegen, d. h. Hauptspannungslinien sind; für die Meridianspannung ergibt sich der einfache Satz, daß sie proportional der Normalenlänge R_2 ist. Ebenso leicht gelangt man zu einer graphischen Darstellung der Ringspannung n_1 durch Konstruktion der Strecke: $2 R_2 - \frac{R_2^2}{R_1}$. Dies setzt voraus, daß man R_1 der Länge nach kennt. Häufig, besonders bei flachen Meridiankurven, wird dies nicht der Fall sein; dort kann dann folgende Konstruktion eingreifen:

Denken wir uns in den Endpunkten eines Linienelementes Δu die Normalen $AK = BK = R_1$ gezogen (siehe Fig. 4a), ferner $CD \# AB$, dann ist der Inhalt der Rechteckes:
$$ABCD = R_2 \cdot \Delta u$$
da ferner
$$DE = \frac{R_2}{R_1} \Delta u,$$

---

[1] Dieselben Formeln erhielt auf anderem Wege H. Prof. Weber-Hannover. Siehe Deutsche Luftfahrerzeitschrift, Heft 13, Jahrg. 1912.

ist
$$\Delta\, B\, D\, E = \frac{1}{2} \frac{R_2^2}{R_1} \Delta u$$

folglich das Viereck
$$A\, B\, C\, E = \Delta f = \left(R_2 - \frac{R_2^2}{2\, R_1}\right) \Delta u = x \cdot \Delta u.$$

Nach Formel 2) ist x aber eben der Faktor, mit welchem Φ zu multiplizieren ist, um die Spannung n_1 zu erhalten. x kann also leicht als Seite eines Rechteckes gefunden werden, dessen eine Seite Δu, dessen Inhalt = △ A B C E ist. (Konstr.: M E = M B, M F ∥ A C; F G ∥ B C; A G = x)

Es erübrigt noch zu untersuchen, welches Zeichen die Hauptspannungen haben. Zu diesem Zweck stellt Fig. 5 einen Rotationskörper vor, der eine mögliche Tragkörperform aufweist. X Y-Ebene ist — wie auch später immer — die Ebene des „Hauptspants"; der Meridian v = 0 ist der obere Teil des vertikalen Meridians; Rotationsachse ist die Z-Achse. Die Bogenlänge wird vom „Bug" an gemessen; z ist positiv zwischen Hauptspant und Bug. Aus der Forderung, daß Meridian-Parallelkreistangente und Flächennormale ein Rechtssystem bilden sollen, ergibt sich, daß die positive Flächennormale von innen nach außen gerichtet ist. Also ist Φ

Fig. 4a.   Fig. 4b.

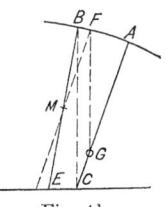

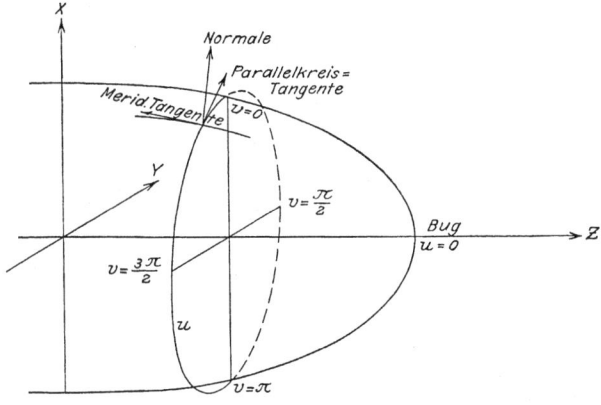

Fig. 5.

positiv, wenn es im Sinne eines Innendrucks wirkt. Weil z mit wachsendem u abnimmt, ist q' und damit $n_2 = \dfrac{\Phi}{2} \dfrac{p}{q'}$ überall negativ; d. h. die Meridianspannung ist überall Zugspannung. Anders ist es mit $n_1 = n_2\left(2 - \dfrac{R_2}{R_1}\right)$. Dies ist dort Zugspannung, wo $\dfrac{R_2}{R_1} < 2$; aber wo $\dfrac{R_2}{R_1} > 2$ ist, wirkt n_1 als eine Druckspannung; in diesen Gebieten zeigt die Hülle das Bestreben, sich längs der Meridiane in Falten zu legen; während in jenen Teilen, wo $\dfrac{R_2}{R_1} < 2$, die Fläche aufgebläht ist. Beide Teile werden getrennt durch die Parallelkreise, für welche $\dfrac{R_2}{R_1} = 2$ ist. Wir können dies auch so aussprechen: die Ringspannungen n_1 sind dort Null, wo Krümmungsmittelpunkt und Normalenmitte zusammenfallen; sie sind Druckspannungen bzw. Zugspannungen dort, wo der Krümmungsmittelpunkt die Strecke Normalenmitte-Meridianpunkt von innen bzw. von außen teilt. Ein Beispiel für eine Fläche mit positiven und negativen Ringspannungen bietet ein abgeflachtes Rotationsellipsoid:

$$\frac{x^2 + y^2}{a^2} + \frac{z^2}{b^2} = 1$$

dessen Achsen der Ungleichung genügen: $\dfrac{a}{b} < \sqrt{2}$, es liegt dann eine Zone positiver Ringspannungen zu beiden Seiten des Äquators.

Innerhalb der Zone, wo n_1 als Druckspannung wirkt, verlaufen auch die Scherungslinien reell; deren Gleichung ist in unserm Fall:

$$\left(2 - \frac{R_2}{R_1}\right) du^2 + p^2\, dv^2 = 0.$$

Auf dem Parallelkreis, für welchen $\dfrac{R_2}{R_1} = 2$, ist die Richtung der Scherungslinien die von $dv^2 = 0$; d. h. dort fallen beide Linienelemente mit dem Meridian zusammen. Die Scherungslinien sitzen mit Spitzen auf dem Parallelkreis R_2 auf; Spitzentangente ist die Meridiantangente. Alle Scherungslinien gehen natürlich durch Rotation einer von ihnen hervor.

Der Fall positiver Spannungswerte von n_1 tritt bei den als Tragkörper verwendeten Rotationsflächen nicht auf. Vermöge ihrer langgestreckten Form ist bei ihnen $\dfrac{R_2}{R_1} < 1$, die Bedingung $\dfrac{R_2}{R_1} > 2$ also nirgends erfüllt. Aus der Formel

$$n_1 = n_2\left(2 - \frac{R_2}{R_1}\right)$$

folgt dann weiter, daß die Ringspannung überall größer ist als die Meridianspannung; diese erreicht ihr Maximum am Hauptspant. Die größte Spannung ist die nahe dem Hauptspant auftretende maximale Ringspannung, die nach Formel 2) § 1 etwas kleiner als $\Phi \cdot$ Hauptspantradius ist.

Beipielsweise wird bei einem maximalen Radius von 5 m und einem Innendruck von 35 kg/m² die größte Meridianspannung $n_2 = \dfrac{\Phi}{2} R_2 = 87{,}5$ kg/m

größte Ringspannung $\quad n_1 < \Phi \cdot R_2 < 175$ kg/m.

Punkte, in welchen beide Hauptspannungen gleich werden, heißen Nabelpunkte im mechanischen Sinne; in unserem Fall liegen sie dort, wo

$$\frac{\Phi}{2} R_2 = \frac{\Phi}{2} R_2 \left(2 - \frac{R_2}{R_1}\right) \qquad (n_2 = n_1)$$

also wo
$$R_2 = 0 \text{ oder } R_2 = R_1.$$

Der ersten Bedingung genügen die Schnittpunkte des Meridians mit der Rotationsachse, der zweiten jene Meridianpunkte, für welche beide Hauptkrümmungsradien gleich sind; d. h. die geometrischen Nabelpunkte sind auch Nabelpunkte im mechanischen Sinne.

§ 2.

Wenn die Kräfte rotatorischen Charakter zeigen, ist es immer leicht, zu einer Lösung der Spannungsgleichungen für Rotationsflächen zu gelangen. Ein allgemeiner Fall rotatorischer Belastung ist gegeben bei Annahme einer Normalkraft Φ und einer parallel dem Meridian wirkenden Kraft F_1, welche beide nur von u abhängen. Für diesen Fall ist

$$a = \frac{\Phi}{2} R_1 R_2 = -\frac{\Phi}{2} \frac{p}{p''}$$

wieder nur von u abhängig.

Die Kräfte des Tangentialsystems werden:

$$F_1' = F_1 - \frac{q'}{p} \frac{da}{du}$$
$$F_2' = 0.$$

Bei Annahme nur von u abhängiger Spannungen geben die Spannungsgleichungen außer $T = 0$ noch:

$$\frac{dN}{du} = F_1 p q' - q'^2 \frac{da}{du}$$

$$N = \int F_1 p q' \, du + \int -q'^2 \frac{da}{du} \, du + C$$

$$= \int F_1 p q' \, du - \left[q'^2 a - \int 2 a q' q'' \, du\right] + C$$

$$= \int F_1 p q' \, du + \frac{\Phi}{2} \frac{p}{p''} q'^2 - \int \Phi \frac{p}{p''} q' q'' \, du + C$$

$$N = \int F_1 p q' \, du + \frac{\Phi}{2} \frac{p q'^2}{p''} + \int \Phi p p' \, du + C$$

$$n_2' = \frac{N}{p q'} = \frac{\int F_1 q' p \, du}{p q'} + \frac{\Phi}{2} \frac{q'}{p''} + \frac{\int \Phi p p' \, du + C}{p q'}$$

$$n_2 = n_2' + \frac{a}{R_2} = n_2' + \frac{\Phi}{2} R_1 = n_2' - \frac{\Phi}{2} \frac{q'}{p''}$$

$$n_2 = \frac{\int F_1 \, p \, q' \, du + \int \Phi \, p \, p' \, du = C}{p \, q'}.$$

Zählen wir beide Integrale von einer Stelle $u = 0$ an, wo $p = 0$ wird (— Schnitt des Meridians mit der Rotationsachse —), so können wir unendlich große Spannungen nur dadurch vermeiden, daß $C = 0$ gesetzt wird. Dann ist:

1) $$n_2 = \frac{1}{p \, q'} \left(\int_0^u F_1 \, p \, q' \, du + \int_0^u \Phi \, p \, p' \, du \right).$$

Ringspannung n_1 berechnet sich wieder aus

$$\frac{n_1}{R_2} + \frac{n_2}{R_1} = \Phi$$

2) $$n_1 = \Phi R_2 - \frac{R_2}{R_1} n_2 = \Phi \frac{p}{q'} + \frac{p''}{q'^3} \left(\int_0^u F_1 \, p \, q' \, du + \int_0^u \Phi \, p \, p' \, du \right).$$

Schubspannung: $t = 0$.

§ 3.

Anwendung dieser Formeln.

Die bis jetzt erhaltenen Resultate sollen nun zur zahlenmäßigen Berechnung der an einem Tragkörper auftretenden Spannungen verwendet werden, wenn als Kräfte ein konstanter Innendruck und der sogenannte Strömungsdruck wirken. Dieser entsteht infolge der relativen Bewegung der Luft gegen den Tragkörper und macht in seiner Gesamtheit den Druckwiderstand des Fahrzeugs aus. In der Göttinger Modellversuchsanstalt wurde die Größe des Strömungsdruckes an mehreren Modellen ermittelt[1]. Für das Modell IV (Modell III der früheren Abhandlung) wurden dem Verfasser von Herrn Prof. Dr. Prandtl Abmessungen und Verlauf des Strömungsdruckes in entgegenkommendster Weise mitgeteilt, wofür an dieser Stelle der gebührende Dank ausgesprochen wird.

Wir berechnen die Spannungen für einen Tragkörper, der die Form des Modells IV besitzt; sein Meridian ist auf den Fig. I, II, III in 500 facher Verkleinerung wiedergegeben. Die Hauptabmessungen sind:

        Länge . . . . 61,01 m
        Maxim. Durchmesser . . . 10,00 „
        Hauptspantquerschnitt . . . 78,54 m²
        Volumen . . . . . . V = 27 40 m³
        Oberfläche . . . . . O = 1356 m².

Außerdem gibt Tabelle I für 55 Punkte des Meridians die Abszissen Z und Ordinaten x, aus denen vermittelst der Differenzquotienten $\dfrac{x_n - x_{n-1}}{z_n - z_{n-1}}$

---

[1] Zeitschrift für Flugtechnik und Motorluftschiffahrt. Jahrg. 1910. Heft 8; 1911, Heft 13.

die Neigung der Meridiantangente und damit p' und q' abgeleitet wurden. Ferner wurde in diesen Punkten die Normale konstruiert und deren Länge R_2 sowie die Länge des Krümmungsradius R_1 abgemessen; letzterer erreicht schon vom ersten Drittel ab so große Werte, daß das Verhältnis $\frac{R_2}{R_1}$ von dort ab vernachlässigt wurde.

Mit diesen Werten der R_1 und R_2 wurde bei Annahme eines konstanten Innendruckes $\Phi_0 = 25 \text{ kg/m}^2$ nach den Formeln 1 und 2 des § 1 die Spannungen berechnet, die in Tabelle I unter $(n_2)_{\Phi_0}$ und $(n_1)_{\Phi_0}$ aufgeführt sind. Dieser Tabelle oder auch der Fig. I entnehmen wir, daß beide Spannungen, von dem gemeinsamen Wert -14 kg/m am Bug ausgehend, ihr Maximum am Hauptspantquerschnitt von $n_2 = -62{,}5$ kg/m, $n_1 = -125$ kg/m erreichen, um dann bis zum Werte 0 am Heck abzufallen. Die Ringspannung ist überall die größere, weil $\frac{R_2}{R_1}$ immer < 1 ist.

Der Strömungsdruck wirkt überall normal zur Fläche und zwar im vordern Teil als Außendruck, der seinen Maximalwert $\frac{v^2 \gamma}{2g}$ am Bug hat; längs des Rumpfes ist er von der Hülle weggerichtet und wirkt am Heck wieder als Außendruck. Sein Verlauf wird durch den Ausdruck $\varepsilon \cdot \frac{v^2 \gamma}{2g}$ wiedergegeben; hierin bedeutet ε einen Faktor, dessen Werte für 55 Punkte des Meridians in Tabelle I nach Mitteilung von Herrn Prof. Prandtl eingetragen sind. v ist die Geschwindigkeit des Fahrzeugs relativ zur ruhenden Luft, $\gamma = 1{,}29$ kg/m³ das Gewicht von 1 cbm Luft, $g = 9{,}8$ m/sec².

Die Geschwindigkeit v besitze den Wert 15 m/sec; dann ist der Normaldruck der Strömung am Bug $= 14{,}78$ kg/m². Die Druckkomponente, welche die Richtung der Rotationsachse besitzt, bildet den Druckwiderstand des Tragkörpers, der sich in der Form schreiben läßt:

$$W = 0{,}00816 \, V^{2/3} \frac{v^2 \gamma}{g}.$$

In unserem Fall $= 47{,}2$ kg.

Um diesen Widerstand zu überwinden, muß durch den Motor eine dem Widerstand gleich große Kraft auf den Tragkörper übertragen werden. Verteilen wir diese Kraft gleichmäßig auf einen Reifen, der sich mit dem Parallelkreis u_0, p_0, q_0 deckt, so erleidet dort die Spannung einen Sprung n, der gleich der spezifischen Belastung des Reifens ist, und sich aus der Gleichung bestimmt:

$$2 n \pi p_0 q_0' = 2 \pi \int_0^1 \Phi \, p \, p' \, du = W_\Phi$$

$$n = \frac{\int_0^1 \Phi \, p \, p' \, du}{p_0 \, q_0'}.$$

Bezeichnen wir die Spannung jener Elemente, welche im Sinne der Bewegung des Tragkörpers vor dem Reifen liegen, mit $(n_2)_v^\Phi$, die übrigen mit $(n_2)_h^\Phi$, so besteht am Parallelkreis $u_0 \, p_0 \, q_0'$ die Beziehung:

$$(n_2)_h - (n_2)_v = -n.$$

— 16 —

Nach der Formel 1 von § 2 ist nun:

$$(n_2)^\Phi = \frac{\int_0^u \Phi\, p\, p'\, du + C}{p\, q'}.$$

Damit nun $(n_1)^\Phi$ bei $u = 0$ $p = 0$ endlich bleibt, muß $C = 0$ sein. Daher ist

1) $(n_2)^\Phi_v = \frac{1}{p\, q'} \int_0^u \Phi\, p\, p'\, du = \frac{1}{2\, p\, q'} \int_0^u \Phi\, dp^2$, die Spannung vor der Fesselung.

Auch für $u = l =$ Länge des Meridians dürfen die Spannungen nicht unendlich werden; d. h. es ist für den Teil hinter der Fesselung $C = -\int_0^l \Phi\, p\, p'\, du$ zu wählen; also:

$$(n_2)^\Phi_h = \frac{\int_0^u \Phi\, p\, p'\, du - \int_0^l \Phi\, p\, p'\, du}{p\, q'} = \frac{\int_l^u \Phi\, p\, p'\, du}{p\, q'} = \frac{1}{2\, p\, q'} \int_l^u \Phi\, dp^2.$$

An dem Reifen, der den Schraubenantrieb zu übertragen hat, bildet sich der Sprung aus:

2) $(n_2)_h - (n_2)_v = \frac{\int_l^u \Phi\, p\, p'\, du - \int_0^u \Phi\, p\, p'\, du}{p\, q'} = -\frac{\int_0^l \Phi\, p\, p'\, du}{p\, q'}$

$= -n =$ spezifischer Belastung an diesem Reifen.

Die zahlenmäßige Berechnung der vom Strömungsdruck verursachten Spannungen wurde für 2 verschiedene Stellen der Fesselung durchgeführt: im ersten Fall ist die Fesselung an einem Parallelkreis gedacht, dessen Ebene ca. 2 m vom Bug entfernt ist; im zweiten Fall wird die Fesselung am Hauptspantquerschnitt vorgenommen. Gemäß der Formeln 1 und 2 wurde Φ als Funktion von p^2 aufgetragen, das Integral $\int_0^u \Phi\, d(p^2)$ bzw. $\int_l^u \Phi\, d(p^2)$ mit dem Integraphen ausgewertet und mit dem jeweiligen Werte von $2\, p\, q'$ dividiert. Die Gleichung $\frac{n_1}{R_2} + \frac{n_2}{R_1} = \Phi$ lieferte dann den entsprechenden Wert von n_1. Die Tabelle I und Fig. II zeigen den Verlauf der vom Strömungsdruck verursachten Spannungen:

Bei Fesselung I ist die Meridianspannung am Bug eine Druckspannung von ~ 9 kg/m, erleidet bei der Fesselung einen Sprung von $+ 6{,}6$ auf $+ 2{,}5$ kg/m, ist im zweiten und dritten Viertel Zugspannung mit dem Maximalbetrag von ~ 2 kg/m am Hauptspant; im letzten Viertel wirkt sie wieder als Druckspannung, erreicht jedoch nur mehr den Höchstbetrag von $\sim 0{,}7$ kg/m, am Heck ist ihr Wert 0. Die Ringspannung besitzt am Bug ebenfalls den Wert ~ 9 kg/m, an der Fesselung bildet sich ein Spannungssprung von $+ 1{,}6$ auf $2{,}7$ kg/m. Bei einem Parallelkreis, der nahe hinter der Fesselung liegt, geht n_1 in eine Zugspannung über, erreicht sein Maximum 13 kg/m etwas vor dem Hauptspantquerschnitt; im letzten Fünftel wirkt n_1 wieder als Druckspannung (Maximum 1,2 kg/m) und wird am Heck Null.

Die Fesselung am Hauptspantquerschnitt verändert dieses Bild nur wenig: der Übergang zu Zugspannungen erfolgt bei n_2 nicht so weit vorne, etwa beim Beginn

des zweiten Viertels; Maximum und Minimum beider Spannungen werden sowohl in Lage als auch in Größe nur wenig verändert; am Hauptspantquerschnitt entsteht der Sprung von 1,5 kg/m, so daß der vom Reifen übertragene Zug =
$$2\,\pi\cdot R\cdot 1{,}5 = 2\cdot\pi\cdot 5\cdot 1{,}5 = 47{,}2\ \text{kg}$$
gleich dem früher berechneten Druckwiderstand wird.

Ein übersichtliches Bild über die Art der Spannungen gewähren die folgenden beiden schematischen Figuren.

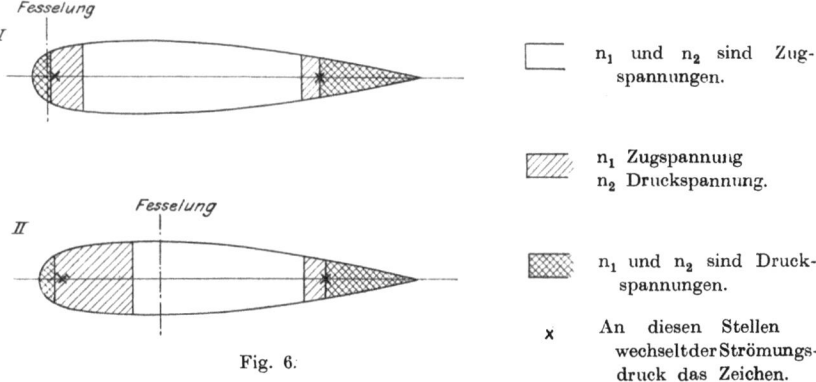

Fig. 6.

n_1 und n_2 sind Zugspannungen.

n_1 Zugspannung
n_2 Druckspannung.

n_1 und n_2 sind Druckspannungen.

x An diesen Stellen wechselt der Strömungsdruck das Zeichen.

Wir entnehmen diesen Figuren, daß bei bloßer Wirkung des Strömungsdruckes die Hülle ganz vorne und ganz hinten nur auf Druck beansprucht würde und sich daher dort zusammenknüllen würde; soll dies vermieden werden, so muß ein Innendruck von mindestens der Größe $\dfrac{v^2\,\gamma}{2\,g} = 14{,}78$ kg/m² wirken. Längs des Rumpfes wirkt der Strömungsdruck im Sinne einer Vergrößerung der von einem konstanten Innendruck herrührenden Spannungen; und zwar wird die maximale Zugspannung, die der Innendruck $\Phi_0 = 25$ mm Wasser $= 25$ kg/m² am Hauptspant erzeugt, um ca. 10 % vergrößert, indem die Ringspannung 125 kg/m um ~ 13 kg/m erhöht wird. In den Zonen II und IV ist nur mehr n_2 eine Druckspannung, die Hülle würde sich dort unter bloßer Wirkung des Innendrucks längs der Parallelkreise in Falten legen.

Außer dem Druckwiderstand erfährt ein in Fahrt befindliches Luftschiff auch noch Reibungswiderstand, verursacht durch die Reibung zwischen Hülle und umgebender Luft. Wird er auf die Form gebracht: $W_R = \alpha\,O^{\frac{3}{2}}\,v^\beta$, so besitzen für die Form des Modells IV α und β die Werte[1]):
$$\alpha = 0{,}000\,25, \quad \beta = 1{,}49;$$
sonach finden wir für das Beispiel einen Reibungswiderstand:
$$W_R = 0{,}000\,25\cdot 1356^{0{,}745}\cdot 15^{1{,}49}$$
$$= 30{,}47\ \text{kg}.$$

---
[1]) Zeitschrift für Flugtechnik und Motorluftschiffahrt 1911, Heft 13.

Der Reibungswiderstand dR, den ein Element dF des Tragkörpers erfährt, wirkt wie eine Kraft im Sinne der Bewegung, mit welcher die Luft an dem als ruhend gedachten Tragkörperelement entlang streicht; diese Kraft sei, abgesehen von dem Flächeninhalt dF des Elements, auch noch dem Quadrat der Geschwindigkeit w proportional, mit welcher die Luft an dem Element entlang streicht. Bezeichnet a einen Proportionalitätsfaktor, dann kann also dR dargestellt werden durch

$$dR = a\, dF\, w^2 = a \cdot 2\, p\, \pi\, du \cdot w^2,$$

wenn unter dF das von 2 ∞ nahen Parallelkreisen begrenzte Stück verstanden ist. In Richtung der Rotationsachse fällt davon die Komponente:

$$dR \cdot \cos \alpha = 2\, a\, \pi\, p\, w^2\, du \cos \alpha = 2\, a\, \pi\, p\, w^2\, dz.$$

Diese Komponente gibt in ihrer Gesamtheit den oben berechneten Reibungswiderstand W_R:

$$W_R = \int_0^\lambda dR \cos \alpha = 2\, a\, \pi \int_0^\lambda p\, w^2\, dz = 30{,}47 \text{ kg}.$$

[λ ist die Länge des Luftschiffes, in der Rotationsachse gemessen]. Daraus finden wir den Faktor a:

$$a = \frac{W_R}{2\, \pi \int_0^\lambda p\, w^2\, dz},$$

und daher die Meridiankraft F_1, welche durch die Luftreibung auf die Flächeneinheit ausgeübt wird:

3) $$F_1 = \frac{dR}{dF} = a\, w^2 = \frac{W_R \cdot w^2}{2\, \pi \int_0^\lambda p\, w^2\, dz} \text{ [kg/m}^2\text{]}.$$

Das hierin noch unbekannte w^2 liefert uns die für stationäre Strömung geltende Gleichung

$$\frac{1}{2} w^2 \frac{\gamma}{g} + \Phi = \text{const},$$

worin Φ wieder den Strömungsdruck bedeutet; am Bug ist $w = 0$ und $\Phi = \overline{\Phi} = \frac{v^2\, \gamma}{2\, g}$, also

$$\frac{1}{2} w^2 \frac{\gamma}{g} + \Phi = \overline{\Phi}$$

$$w^2 = \frac{2g}{\gamma} (\overline{\Phi} - \Phi) = \frac{2g}{\gamma} \overline{\Phi} (1 - \varepsilon).$$

Also wird

4) $$F_1 = \frac{W_R (1-\varepsilon)}{2\, \pi \int_0^\lambda p\, (1-\varepsilon)\, dz} = 4{,}86\, \frac{1-\varepsilon}{\int_0^\lambda p\, (1-\varepsilon)\, dz} \text{ [kg/m}^2\text{]}.$$

Der Integrand $p\,(1-\varepsilon)$ wurde als Funktion von z aufgetragen und das Integral mit dem Planimeter ausgewertet. So erhielten wir:

$$F_1 = 0{,}020\, (1-\varepsilon) \text{ [kg/m}^2\text{]}$$

Wie wir aus Tabelle I unter Kolonne F_1 ersehen, sind die durch Reibung verursachten Tangentialkräfte verhältnismäßig klein; beträgt doch $(F_1)_{max}$ nur
$$0,02\,(1 + 0,176) = 0,0235\ \text{kg/m}^2 = 23,5\ \text{g/m}^2.$$

Damit bleiben auch die Spannungen, die von der Tangentialkraft F_1 erzeugt werden, verhältnismäßig klein. Nach Formel 1 § 2 ist diese Meridianspannung:

$$(n_2)^R = \frac{\int_0^u F_1\,p\,q'\,du + C}{p\,q'}.$$

Es würde nur eine Wiederholung des bei Behandlung des Strömungsdruckes Gesagten bedeuten, wenn wir ableiten, daß vor der Fesselung, welche eine dem Reibungswiderstand gleich große Kraft auf den Tragkörper überträgt, C den Wert 0, hinter der Fesselung den Wert $\int_0^1 F_1\,p\,q'\,du$ besitzt. Sonach gilt

5)
$$(n_2)^R_{vor} = \frac{\int_0^u F_1\,p\,q'\,du}{p\,q'} = \frac{\int_0^z F_1\,p\,dz}{p\,q'}$$

$$(n_2)^R_{hinter} = \frac{\int_1^u F_1\,p\,q'\,du}{p\,q'} = \frac{\int_\lambda^z F_1\,p\,dz}{p\,q'}$$

An der Fesselung tritt ein Sprung in der Meridianspannung ein von dem Betrag:

$$(\Delta n_2) = (n_2)^R_{vor} - (n_2)^R_{hinter} = \frac{\int_0^{u_0} F_1\,p\,q'\,du - \int_1^{u_0} F_1\,p\,q'\,du}{p_0\,q_0'}$$

Daraus:
$$2\,p_0\,\pi\,q_0'\,\Delta n_2 = 2\,\pi \int_0^1 F_1\,p\,q'\,du = \int_0^1 F_1\,dF\cos\alpha = \int_0^1 \frac{dR}{dF}\,dF\cos\alpha = W_R.$$

Die zahlenmäßige Ermittlung der durch Reibung verursachten Spannungen wurde so durchgeführt, daß die Werte von $F_1 \cdot p$ als Funktion von z aufgezeichnet wurden, das Integral mit dem Planimeter ausgewertet, und mit dem jeweiligen Wert von $p\,q'$ dividiert wurde. Bei Annahme der schon im vorigen Beispiel verwendeten Fesselungsstellen resultierten so die in Tabelle I wiedergegebenen Werte für n_2. Auch aus der Fig. III entnehmen wir, daß die Meridianspannung am Bug Null ist, vor der Fesselung als Druckspannung, hinter der Fesselung als Zugspannung wirkt, die am Heck wieder Null wird. Die Maxima der Druck- und Zugspannungswerte von n_2 liegen immer an der Fesselungsstelle und betragen

bei Fesselung I + 22 g/m (Druckspannung),
— 2610 g/m (Zugspannung);
bei Fesselung II + 380 g/m (Druckspannung),
— 590 g/m (Zugspannung).

Die Ringspannung berechnet sich einfach aus:

$$\frac{n_1}{R_2} + \frac{n_2}{R_1} = 0;\quad n_1 = -\frac{R_2}{R_1}\,n_2.$$

2*

Wie aus dieser Gleichung erhellt, hat n_1 das entgegengesetzte Zeichen von n_2: es ist daher n_1 Zugspannung vor und Druckspannung hinter der Fesselung. Die Maxima der Ringspannung treten jedesmal bei der Fesselung auf, und zwar in dem Betrage:

Fesselung I: — 7 g/m Zugspannung,
             + 770 g/m Druckspannung;
Fesselung II: — 10 g/m Zugspannung,
             + 10 g/m Druckspannung.

Etwa vom Hauptspantquerschnitt an nähert sich n_1 sehr dem Werte Null wegen der Kleinheit des Verhältnisses $\frac{R_2}{R_1}$.

Rechnen wir die hier berechneten Spannungen den früher aus dem Strömungsdruck resultierenden hinzu, so zeigt sich nur eine geringe Abänderung der dort besprochenen Verhältnisse; vor allem bleibt das frühere Maximum, abgesehen von einer geringen Verkleinerung, ungeändert.

Die Reibung der Luft an der Hülle bringt also im Vergleich mit den andern Kräften nur ganz geringe Spannungen hervor, welche außerdem noch im Sinne einer Verkleinerung der maximalen Spannungen wirken. Der Einfluß der Reibung auf die Spannung der Hülle kann also vernachlässigt werden.

§ 4.

Um der Wirklichkeit näher zu treten, werden nunmehr als äußere Kräfte ein pro Flächeneinheit konstantes Gewicht μ kg/m² der Hülle angenommen; der Normaldruck Φ bestimme sich aus der tatsächlich erfüllten Bedingung, daß sowohl der Druck der Außenluft wie der des Füllgases proportional mit der Höhe abnimmt.

Ist nämlich Π_0 der Druck der Luft in Höhe der horizontalen Rotationsachse, dann herrscht, soweit es sich nicht um zu große Höhenabmessungen handelt, in der Höhe h über der Achse der Druck $\Pi_0 - \gamma h$, wo $\gamma = 1{,}3$ kg/m³ das Gewicht eines Kubikmeters Luft bedeutet. Sind P_0 und g die analogen Daten für das Füllgas, so wirkt in h m Höhe ein Gasdruck $P_0 - gh$, also ein innerer Überdruck:

$$(P_0 - gh) - (\Pi_0 - \gamma h) = (P_0 - \Pi_0) + (\gamma - g) h$$
$$= \Phi_0 + k h,$$

wenn mit Φ_0 abkürzend der innere Überdruck am horizontalen Meridian, mit k die Differenz $\gamma - g$ bezeichnet wird; diese ist bei Wasserstoffüllung $\sim = 1{,}1$ kg/m³, bei Leuchtgas $\sim = 0{,}7$ kg/m³.

Der Innendruck wächst also proportional mit der Höhe; dadurch erfährt der Rotationskörper einen Auftrieb $= k \times$ Volumen $= k \cdot V$, indem er sich ebenso verhält wie ein in eine Flüssigkeit mit dem spezifischen Gewichte k getauchter Körper, auf dessen Oberfläche dann ein mit der Höhe proportional abnehmender Außendruck wirkt.

Diesem Auftrieb entgegen, d. h. in Richtung der negativen X-Achse wirkt das Gewicht der Hülle $= \mu$ kg/m²; nach den am Schluß der Einleitung angegebenen

Formeln für die Richtungskosinusse hat die Kraft μ in bezug auf U- und V-Linie und Flächennormale die Komponenten:

$$F_1 = -\mu\,\alpha_1 = -\mu\,p'\cos v$$
$$F_2 = -\mu\,\alpha_2 = +\mu\sin v$$
$$\Phi = -\mu\,\alpha_3 = +\mu\,q'\cos v$$

Da h in $\Phi_0 + $ k h den Wert p cos v hat, erhalten wir das folgende System äußerer Kräfte:

$$F_1 = -\mu\,p'\cos v$$
$$F_2 = \mu\sin v$$
$$\Phi = \Phi_0 + (k\,p + \mu\,q')\cos v$$

Die durch Φ_0 verursachten Spannungen sind bereits in § 1 untersucht; wir nehmen daher als Normaldruck nur noch $(k\,p + \mu\,q')\cos v$ und stellen das Tangentialsystem her:

$$a = -\frac{\Phi}{2}\frac{p}{p''} = -\frac{p}{2\,p''}(k\,p + \mu\,q')\cos v$$

1)
$$F_1' = F_1 - \frac{q'}{p}\frac{\partial a}{\partial u} = -\mu\,p'\cos v - \frac{q'}{p}\cos v\,\frac{d-\frac{p}{2\,p''}(k\,p+\mu\,q')}{du}$$
$$= U_I(u)\cos v$$

$$F_2' = F_2 + \frac{p''}{p\,q'}\frac{\partial a}{\partial v} = \mu\sin v + \frac{p''}{p\,q'}\frac{p}{2\,p''}(k\,p + \mu\,q')\sin v = U_{II}(u)\sin v.$$

Damit werden die Spannungsgleichungen:

I
$$\frac{\partial N}{\partial u} + \frac{q'}{p^2}\frac{\partial T}{\partial v} = F_1'\,p\,q' = p\,q'\,U_I(u)\cos v$$
$$\frac{\partial T}{\partial u} + \frac{p\,p''}{q'^3}\frac{\partial N}{\partial v} = F_2'\,p^2 = p^2\,U_{II}(u)\sin v$$

Oder:

I′
$$N_u + u_1\,T_v = U_1(u)\cos v$$
$$N_v + u_2\,T_u = U_2(u)\sin v$$

Hierin sind u_1, u_2, U_1, U_2 nur Funktionen von u:

$$u_1 = \frac{q'}{p^2} \qquad u_2 = \frac{q'^3}{p\,p''}$$

2)
$$U_1 = -p\,q'\left(\mu\,p' + \frac{q'}{p}\frac{d}{du}\left(-\frac{p}{2\,p''}(k\,p + \mu\,q')\right)\right)$$
$$U_2 = \frac{p\,q'^3}{p''}\left(\mu + \frac{1}{2q'}(k\,p + u\,q')\right)$$

Aus den beiden partiellen Differentialgleichungen leiten wir eine her, indem wir N eliminieren. Zu diesem Zweck differenzieren wir die erste nach v, die zweite nach u und subtrahieren; dann erhalten wir für T die partielle Differentialgleichung 2. Ordnung:

II
$$u_2\,T_{uu} - u_1\,T_{vv} + u_2'\,T_u = (U_1 + U_2)\sin v$$

Hierin ist
$$u_2' = \frac{du_2}{du} \qquad U_2' = \frac{dU_2}{du}.$$

Es gelingt nun leicht, für diese Differentialgleichung eine partikuläre Lösung zu finden, wenn wir für diese die Form annehmen:

3) $$T = \Theta(u) \sin v;$$

dann werden die Ableitungen:
$$T_u = \Theta' \sin v \qquad T_{uu} = \Theta'' \sin v$$
$$T_v = \Theta \cos v \qquad T_{vv} = -\Theta \sin v;$$

dies substituieren wir in Gleichung II:
$$u_2 \Theta'' \sin v + u_2' \Theta' \sin v + u_1 \Theta \sin v = (U_1 + U_2') \sin v.$$

Hier fällt v ganz hinweg, so daß für $\Theta(u)$ noch die gewöhnliche Differentialgleichung 2. Ordnung bleibt:

III $$\qquad u_2 \frac{d^2\Theta}{du^2} + u_2' \frac{d\Theta}{du} + u_1 \Theta = (U_1 + U_2').$$

Ist ein partikuläres Integral Θ dieser Gleichung gefunden, so ist in $T = \Theta(u) \sin v$ ein partikuläres Integral der Spannungsgleichung gefunden; aus diesem leiten wir sehr leicht ein partikuläres Integral für N ab, so daß also nach dem in der Einleitung erwähnten Satze Lecornus die Aufgabe auf das Problem der infinitesimalen Verbiegung zurückgeführt ist.

Die Bestimmung des Wertes von N, der dem partikulären Intregal für T entspricht, vollzieht sich durch Substitution dieses T in beide Spannungsgleichungen I; diese werden dann:
$$N_u = (U_1 - u_1 \Theta) \cos v$$
$$N_v = (U_2 - u_2 \Theta') \sin v.$$

Durch Integration ergibt sich einerseits:
$$N = \cos v \int (U_1 - u_1 \Theta) du + \varphi_1(v)$$
$$N = -\cos v \, (U_2 - u_2 \Theta') + \varphi_2(u).$$

Nun läßt sich aber die Differentialgleichung für Θ auf die Form bringen:
$$d(u_2 \Theta' - U_2) = (U_1 - u_1 \Theta) du.$$

Daher wird der erste Ausdruck für N:
$$N = -(U_2 - u_2 \Theta') \cos v + \varphi_1(v).$$

Die Gleichheit der beiden Ausdrücke fordert $\varphi_1(v) = \varphi_2(u)$, was nur durch $\varphi_1 = \varphi_2 = \text{const}$ erfüllt werden kann; diese Konstante können wir unbeschadet der Allgemeinheit gleich Null annehmen. So stellen
$$T = \Theta(u) \sin v$$
$$N = (u_2 \Theta' - U_2) \cos v$$

partikuläre Lösungen der allgemeinen Spannungsgleichungen vor. Die partikuläre Lösung des Tangentialsystems ist daher:

$$t' = \frac{T}{p^2} = \frac{\Theta}{p^2} \sin v$$

5) $$n_2' = \frac{N}{p\,q'} = \frac{u_2 \Theta' - U_2}{p\,q'} \cos v$$

$$n_1' = \frac{p\,p''}{q'^2} n_2' = \frac{p''}{q'^3}(u_2 \Theta' - U_2) \cos v$$

wobei Θ aus Gleichung III zu finden ist.

Umformung der Gleichungen II und III.

Aus den des zweiten Gliedes beraubten Spannungsgleichungen:

$$\overline{N}_u + u_1 \overline{T}_v = 0$$
$$\overline{N}_v + u_2 \overline{T}_u = 0$$

welche die Gleichungen der infinitesimalen Biegung darstellen, leiten wir durch Elimination von $\overline{N}$ eine partielle Differentialgleichung 2. Ordnung für $\overline{T}$ her:

6) $$u_2 \overline{T}_{uu} - u_1 \overline{T}_{vv} + u_2' \overline{T}_u = 0$$

Um diese auf die charakteristische Form der Verbiegungsgleichung zu bringen, führen wir für u eine neue Variable w ein, definiert durch:

7) $$w = \int \sqrt{-\frac{u_1}{u_2}}\, du; \qquad \frac{dw}{du} = w' = \sqrt{-\frac{u_1}{u_2}} \qquad u_2 w'^2 = -u_1.$$

Dann wird:

$$\frac{\partial \overline{T}}{\partial u} = \frac{\partial \overline{T}}{\partial w} w' \qquad\qquad = \overline{T}_w \cdot w'$$

$$\frac{\partial^2 \overline{T}}{\partial u^2} = \frac{\partial^2 \overline{T}}{\partial w^2} w'^2 + \frac{\partial \overline{T}}{\partial w} w'' = \overline{T}_{ww} w'^2 + \overline{T}_w w''$$

und Gleichung 6) wird:

$$u_2 (w'^2 \overline{T}_{ww} + w'' \overline{T}_w) - u_1 \overline{T}_{vv} + u_2' \overline{T}_w \cdot w' = 0$$
$$u_2 w'^2 \overline{T}_{ww} - u_1 \overline{T}_{vv} + \frac{du_2\, w'}{du} \overline{T}_w = 0$$

oder nach 7):

8) $$\overline{T}_{ww} + \overline{T}_{vv} = \frac{1}{u_1} \frac{d\sqrt{-u_1 u_2}}{du} \overline{T}_w.$$

Dies behandeln wir weiter durch die Substitution:

9) $$\begin{aligned}\overline{T} &= \vartheta \cdot W(w) \\ \overline{T}_w &= \vartheta_w \cdot W + \vartheta \cdot W' \\ \overline{T}_{ww} &= \vartheta_{ww} \cdot W + 2\vartheta_w \cdot W' + \vartheta\, W'' \\ \overline{T}_{vv} &= \vartheta_{vv} \cdot W.\end{aligned}$$

Die Gleichung 8) wird dann:

$$W \vartheta_{ww} + 2 W' \vartheta_w + \vartheta W'' + \vartheta_{vv} W = U(W \vartheta_w + \vartheta W'')$$

worin
$$U = \frac{1}{u_1} \frac{d\sqrt{-u_1 u_2}}{du}$$

gesetzt ist.

Wir wählen nun W so, daß der Faktor von ϑ_w verschwindet; zu diesem Zweck muß:

$$2W' - UW = 0$$
$$\frac{d\lg W}{dw} = \frac{U}{2};$$

$$\frac{d\lg W}{du} = \frac{U}{2}\frac{dw}{du} = \frac{1}{2}\frac{d\sqrt{-u_1 u_2}}{du} \cdot \frac{1}{u_1} \cdot \sqrt{-\frac{u_1}{u_2}} = \frac{1}{2}\frac{d\lg\sqrt{-u_1 u_2}}{du}$$

10) $$W = c\sqrt[4]{-u_1 u_2}$$

Da $$W' = \frac{U \cdot W}{2} = \frac{dW}{du}$$

$$\frac{d^2 W}{dw^2} = W'' = \frac{1}{2}(UW' + U'W) = \frac{1}{2}\left(\frac{U^2 W}{2} + W \cdot U'\right) = \frac{1}{2}\left(\frac{U^2 W}{2} + W\frac{dU}{dw}\right),$$

so erhalten wir schließlich:

11) $$\frac{\partial^2 \vartheta}{\partial w^2} + \frac{\partial^2 \vartheta}{\partial v^2} = \vartheta \cdot \frac{U^2 - 2\frac{dU}{dw}}{4} = \varphi(u)\,\vartheta;$$

in dieser Form ist die charakteristische Gleichung der infinitesimalen Verbiegung auch in Bianchi: „Differentialgeometrie" wiedergegeben.

Nehmen wir mit Gleichung II dieselben Umwandlungen vor, so erhält sie die Form:

II' $$\frac{\partial^2 \vartheta}{\partial w^2} + \frac{\partial^2 \vartheta}{\partial v^2} - \frac{U^2 - 2\frac{dU}{dw}}{4}\vartheta = -\frac{U_1 + \frac{dU_2}{du}}{u_1 W}\sin v$$

Setzen wir dafür eine partikuläre Lösung an von der Form: $\vartheta = \delta(w)\sin v$ so folgt für δ die gewöhnliche Differentialgleichung:

III' $$\frac{d^2 \delta}{dw^2} - \delta(w)\left(1 + \frac{U^2 - 2\frac{dU}{dw}}{4}\right) = -\frac{U_1 + \frac{dU_2}{du}}{u_1 W}.$$

Sind die allgemeinen Lösungen der Gleichungen 6 und III oder von 11 und III' gefunden, dann ergibt sich der allgemeine Wert von T zu:

$$T = \Theta(u)\sin v + \overline{T}$$

Für N folgt daraus aus den Gleichungen I':

einerseits: $$N = (u_2 \Theta' - U_2)\cos v - \int u_1 \overline{T}_v\, du + \varphi_1(v)$$

andererseits: $$N = (u_2 \Theta' - U_2)\cos v - u_2 \int \overline{T}_u\, dv + \varphi_2(u)$$

Es ist aber:
$$-u_2 \int \overline{T}_u \, dv = \int -u_2 (\int \overline{T}_{uu} \, dv) \, du - \iint u_2' \overline{T}_u \, du \, dv$$
$$= -\iint (u_2 \overline{T}_{uu} + u_2' \overline{T}_u) \, du \, dv$$
$$= \text{(nach Gl. 6)} = -\iint u_1 \overline{T}_{vv} \, du \, dv = -\int u_1 \overline{T}_v \, du - \int u_1 \Psi_2(u) \, du.$$

Damit wird auch der 2. Wert von N:
$$= (u_2 \Theta' - U_2) \cos v - \int u_1 \overline{T}_v \, du + \chi_2(u)$$

Die Gleichheit beider Ausdrücke fordert:
$$\varphi_1(v) = \chi_2(u) = \text{const.}$$

So erhalten wir die allgemeinen Spannungswerte:

IV
$$T = \Theta(u) \sin v + \overline{T}$$
$$N = (u_2 \Theta' - U_2) \cos v - \int u_1 \overline{T}_v \, du + C,$$

aus welchen dann einfach die Werte von n_1 n_2 und t berechnet werden können; es ist ja
$$t = -\frac{T}{p^2}; \quad n_2 = \frac{N}{p q'} + \frac{\Phi}{2} R_1; \quad \frac{n_1}{R_2} + \frac{n_2}{R_1} = \Phi.$$

Das Auffinden von $\overline{T}$ wird im allgemeinen Schwierigkeiten bereiten, indem erst die allgemeine Lösung von 6 und dann die in dieser Lösung auftretenden beiden willkürlichen Funktionen zu bestimmen sind. Einfach gestaltet sich die Arbeit für Flächen mit der Eigenschaft

12)
$$u_1 \cdot u_2 = \text{const} = -\frac{1}{a^2}$$
$$\text{d. h.} \quad \frac{q'}{p^2} \cdot \frac{q'^3}{p \, p''} = \frac{q'^4}{p^3 \, p''} = \text{const} = \frac{-1}{a^2}$$

Wie Lecornu gezeigt hat, kommt diese Eigenschaft nur den Rotationsflächen 2. Grades zu. Für diese wird Gleichung 8 zur Laplaceschen Gleichung:

13)
$$\frac{\partial^2 \overline{T}}{\partial w^2} + \frac{\partial^2 \overline{T}}{\partial v^2} = 0,$$

mit der allgemeinen Lösung: $\overline{T} = \varphi(w + iv) + \psi(w - iv).$

Daß die Beziehung $u_1 \cdot u_2 = \text{const} = -\frac{1}{a^2}$ nur für Rotationsflächen 2. Grades gilt. erkennen wir unabhängig von Lecornus Beweis auch auf folgende Art: Die Gleichung der Asymptotenlinien einer Rotationsfläche ist:
$$\frac{dv}{du} = \pm \sqrt{\frac{p''}{p \, q'^2}} \quad \text{(Scheffers)}$$

in unserem Falle wird dies:
$$\frac{dv}{du} = \pm \sqrt{-\frac{a^2 q'^4}{p^3 \cdot p \, q'^2}} = \pm a \cdot i \frac{q'}{p^2}$$

Außerdem ist die Differentialgleichung der geodätischen Linien für Rotationsflächen
$$p \frac{d^2 v}{du^2} + 2 p' \frac{dv}{du} + p^2 p' \left(\frac{dv}{du}\right)^3 = 0.$$

(Scheffers: Anwendung der Differential- und Integralrechnung auf Geometrie II. S. 412.)

Also ist nach IV:
$$T = \Theta(u) \sin v + \varphi + \psi$$
und
$$N = (u_2 \Theta' - U_2) \cos v - \int u_1 \left(\frac{\partial \varphi}{\partial v} + \frac{\partial \psi}{\partial v}\right) du$$

(die Konstante C nehmen wir in φ oder ψ hinein);
für Funktionen komplexer Variabeln besteht aber der Satz:
$$\frac{\partial \varphi(w + iv)}{\partial w} = -i \frac{\partial \varphi(w + iv)}{\partial v}; \quad \frac{\partial \varphi}{\partial v} = i \frac{\partial \varphi}{\partial w}$$
$$\frac{\partial \psi(w - iv)}{\partial w} = i \frac{\partial \psi(w - iv)}{\partial v}; \quad \frac{\partial \psi}{\partial v} = -i \frac{\partial \psi}{\partial w}$$

Da ferner
$$dw = \sqrt{-\frac{u_1}{u_2}}\, du$$
in unserem Falle gleich $dw = a\, u_1\, du$ wird, verwandelt sich
$$N = (u_2 \Theta' - U_2) \cos v - \int \frac{dw}{a} i \left(\frac{\partial \varphi}{\partial w} - \frac{\partial \psi}{\partial w}\right) \text{ in}$$
$$N = (u_2 \Theta' - U_2) \cos v - \frac{i}{a}(\varphi(w + iv) - \psi(w - iv))$$

Folglich erhalten wir bei Rotationsflächen 2. Grades die Lösungen des Tangentialsystems:

Va.
$$t' = \frac{\Theta \sin v + \varphi(w + iv) + \psi(w - iv)}{p^2}$$
$$n_2' = \frac{\left(u_2 \dfrac{d\Theta}{du} - U_2\right) \cos v - \dfrac{i}{a}(\varphi(w + iv) - \psi(w + iv))}{p\, q'}$$
$$n_1' = \frac{p\, p''}{q'^2} n_2' = \frac{p''}{q'^3}\left[\left(u_2 \frac{d\Theta}{du} - U_2\right) \cos v - \frac{i}{a}(\varphi - \psi)\right]$$

Setzen wir hierin
$$\frac{dv}{du} = \pm a i \frac{q'}{p^2}$$
und das daraus abgeleitete:
$$\frac{d^2 v}{du^2} = \pm a i \frac{p^2 q'' - 2 q' p p'}{p^4}$$
ein, so überzeugen wir uns leicht, daß die Differentialgleichung der Asymptotenlinien übergeht in die Voraussetzung: $\dfrac{p^3 p''}{q'^4} = -a^2$; d. h. die Asymptotenlinien sind geodätische Kurven; daher sind sie gradlinig, eine Eigenschaft, welche nur den Flächen 2. Grades zukommt.

Die tatsächlichen Spannungen sind für diesen Fall:

$$t = t' = \frac{1}{p^2}(\Theta \sin v + \varphi + \Psi)$$

$$n_2 = n_2' + \frac{\Phi}{2} R_1 = n_2' + \frac{k p + \mu q'}{2} \cdot \frac{-q'}{p''} \cos v$$

V.
$$n_2 = \left(\frac{u_2 \frac{d\Theta}{du} - U_2}{p\,q'} - \frac{k p + \mu q'}{2} \frac{q'}{p''}\right) \cos v - \frac{i}{a} \frac{\varphi - \Psi}{p\,q'}$$

$$n_1 = n_1' + \frac{\Phi}{2} R_2 = n_1' + \frac{k p + \mu q'}{2} \frac{p}{q'} \cos v$$

$$n_1 = \left[\frac{p''}{q'^3}\left(u_2 \frac{d\Theta}{du} - U_2\right) + \frac{k p + \mu q'}{2} \frac{p}{q'}\right] \cos v - \frac{i}{a} \frac{p''}{q'^3}(\varphi - \Psi).$$

Außer den beiden Funktionen $\varphi(w + iv)$ und $\psi(w - iv)$ ist hierin nur noch $\Theta(u)$ unbekannt; dafür wird aber im folgenden ein Wert gefunden, ohne daß Gleichung III gelöst werden muß.

§ 5.

Die Formeln V verwenden wir nun dazu, die Spannungen in der Hülle eines Rotationsellipsoids zu untersuchen, wenn als äußere Kräfte das Gewicht μ pro Flächeneinheit und ein mit der Höhe proportional zunehmender Innendruck wirken. Am horizontalen Meridian sei der Innendruck $= \Phi_0$ kg/m².

Die Funktionen φ und ψ bestimmen sich hier sehr einfach. Damit nirgends auf der Fläche unendlich große Spannungen auftreten, müssen die Funktionen $\varphi(w + iv)$ und $\psi(w - iv)$ in der ganzen Ebene wv, auf die sich das Ellipsoid abbilden läßt, endlich und stetig sein. Nach einem Satz über die Funktionen komplexer Veränderlicher kann eine solche Funktion nur eine Konstante sein, die aber notwendig den Wert Null hat, weil sonst an den Polen (für $p = 0$) unendlich große Spannungen aufträten; daraus folgt das φ und ψ identisch Null sind.

Aus den Gleichungen V des § 4 folgt nun, daß die Spannungen in der Form erscheinen:

1)
$$t = -\tau(u) \sin v$$
$$n_2 = -\nu_2(u) \cos v$$
$$n_1 = -\nu_1(u) \cos v.$$

In τ, ν_1, ν_2 tritt noch die unbekannte Funktion $\Theta(u)$ auf; anstatt sie nun durch Auflösen von III zu bestimmen, ermitteln wir $\tau(u)$ und $\nu_2(u)$ einfach dadurch, daß wir den Rotationskörper nach einem Parallelkreis durchschneiden, an diesem die Spannungen $t = -\tau \sin v$ und $n_2 = -\nu_2 \cos v$ anbringen und fordern, daß diese Spannungen und die äußeren Kräfte den abgeschnittenen Teil des Rotationskörpers im Gleichgewicht halten.

I. Projektion der Kräfte auf die X-Achse (Vertikale). Nach den früheren Festsetzungen ist n_2 positiv, wenn es als Druckspannung wirkt; es hat demnach die in Fig. 7 eingezeichnete Richtung. Über den Sinn der Schubspannung gibt Fig. 2 Aufschluß; da ein Element des Schnittkreises als zur Parameterlinie $u + du$ gehörig aufzufassen ist, hat die anzubringende Schubspannung t den Sinn der wachsenden v. Somit ergibt sich die Komponente der Spannungen in Richtung der positiven X-Achse:

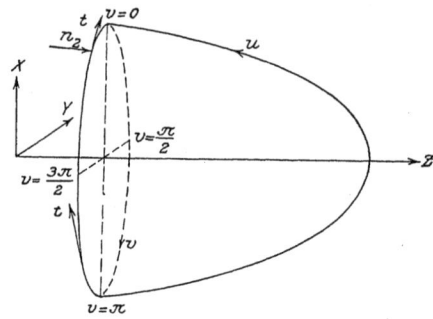

Fig. 7.

$$\int_{v=0}^{2\pi} n_2 \cdot ds_v \cdot - \alpha_1 + \int_0^{2\pi} t\, ds_v \cdot \alpha_2$$

$$= \int_0^{2\pi} - \nu_2 \cos v\, p\, dv \cdot - p' \cos v + \int_0^{2\pi} - \tau \sin v \cdot p\, dv \cdot - \sin v$$

$$= \nu_2 p p' \int_0^{2\pi} \cos^2 v\, dv + \tau p \int_0^{2\pi} \sin^2 v\, dv$$

$$= \nu_2 p\, p'\, \pi + \tau p \cdot \pi.$$

Die der X-Achse entgegengesetzt gerichtete Kraft μ ergibt die Komponente:

$$-\mu \iint dF = -\mu \int_0^u 2 p \pi\, du = -\mu\, O.$$

Der Innendruck $kp \cos v$ hat die X-Komponente:

$$\int_{u=0}^u \int_0^{2\pi} k\, p \cos v\, dF\, \alpha_3 = \int_0^u \int_0^{2\pi} k\, p \cos v\, p\, du\, dv \cdot - q' \cos v$$

$$= k \int_0^u - p^2 \pi\, q'\, du = k \int_{z=b}^z p^2 \pi\, dz = k\, V.$$

(O und V stellen Oberfläche bzw. Volumen des abgeschnittenen Teiles dar.)

Demnach erhalten wir als erste Gleichung:

2) $\qquad (\nu^2 p' + \tau)\, p\, \pi = \mu\, O - k\, V.$

Eine zweite Gleichung ergibt sich, wenn wir den Momentensatz auf eine Achse anwenden, welche ∥ der Y-Achse durch den Mittelpunkt des betrachteten Parallelkreises geht. Die Spannung t hat um diese Achse kein Moment; ebenso die parallel zur X-Achse gerichtete Komponente von n_2. Nennen wir die Drehung positiv, wenn die positive Z-Achse in die positive X-Achse übergeführt wird, dann liefert die Z-Komponente der Spannung n_2 das Moment:

$$-\int_0^{2\pi} n_2 \cdot p \cdot dv \cdot (-\gamma_1)\, p \cos v$$

$$= -\int_0^{2\pi} - \nu_2 \cos v\, p\, dv \cdot - q' p \cos v = -\nu_2 p^2 q' \pi.$$

Das Hüllengewicht μ liefert das Moment:

$$-\iint \mu \, dF (z - z_0) = -\mu \int_{u=0}^{u=u_0} 2 \, p \, \pi \, du \, (q - q_0) = -\mu M_O.$$

Die Normalkraft k p cos v dF zerlegen wir in eine Komponente $\parallel$ zur X und eine Komponente $\parallel$ zur Y-Achse; die Y-Komponenten heben sich wegen Symmetrie zum vertikalen Meridian auf. Nun ist die X-Komponente

$$= k \, p \cos v \, p \, du \, dv \, \alpha_3$$

und ihr Moment:

$$\int_{u=0}^{u=u_0} \int_0^{2\pi} k \, p \cos v \, p \, du \, dv \cdot -q' \cos v \, (q-q_0)$$

$$= -\int_0^{u_0} k \, p^2 \, q' \, \pi \, (q-q_0) \, du = k \int_{z=b}^{z=z_0} d V (q-q_0) = k M_V.$$

Die Z-Komponente: k p cos v p du dv γ_3 liefert den Beitrag:

$$-\int_0^{u_0} \int_0^{2\pi} k \, p \cos v \, p \, du \, dv \, p' \cdot p \cos v$$

$$= -k \, \pi \int_0^{u_0} p^3 \, p' \, du = -k \, \pi \frac{p^4}{4}.$$

Der Momentensatz liefert also die Gleichung:

3) $\qquad -\nu_2 p^2 q' \pi - \mu M_O + k M_V - k \pi \dfrac{p^4}{4} = 0.$

Aus 2) und 3) berechnen sich damit:

IV $\qquad \nu_2 = \dfrac{k M_V - k \pi \dfrac{p_4}{4} - \mu M_O}{p^2 q' \pi}$

$\qquad \tau = \dfrac{1}{p^2 q' \pi} \left(p \, q' (\mu O - k V) - p' \left(k M_V - k \pi \dfrac{p^4}{4} - \mu M_O \right) \right)$

Hierin bedeuten O, V, M_O und M_V die Integrale:

$$\text{Oberfläche } O = \int_0^u 2 \, p \, \pi \, du$$

$$\text{Volumen } V = -\int_0^u p^2 \, \pi \, q' \, du$$

$$\text{Moment der Oberfläche: } M_O \int_0^{u_0} 2 \, p \, du \, \pi \, (q-q_0)$$

$$\text{Moment des Volumens: } M_V = -\int_0^{u_0} p^2 \, \pi \, q' \, du \, (q-q_0)$$

In M_0 und M_v ist nach der Integration wieder u für u_0 zu setzen.

Mit dem Ausdruck für τ ist zugleich die partikuläre Lösung Θ (u) der Differentialgleichung III gewonnen. Denn es ist ja $T = \Theta(u) \sin v = -p^2 t = p^2 \tau \sin v$. Also:

VII $\quad \Theta(u) = p^2 \tau = \dfrac{1}{q' \pi} \left(p\, q'\, (\mu\, O - k\, V) - p'\, \left(k\, M_V - k\, \dfrac{p^4}{4} \pi - \mu M_O\right)\right).$

Durch Einsetzen dieses Wertes von Θ (u) in die Gleichung III überzeugt man sich, daß diese erfüllt wird. Diese Gleichung besteht aber für alle Rotationsflächen; **daher gilt dieser Wert von Θ (u) nicht nur für Rotationsflächen 2. Grades, sondern er gibt auch die partikuläre Lösung des Tangentialsystems für alle Rotationsflächen; der Wert von Θ (u) in den Gleichungen IV ist also jetzt bekannt, so daß auch im allgemeinen Falle nur mehr die Gleichungen der infinitesimalen Verbiegung zu lösen sind.**

Doch kehren wir wieder zu unserm Rotationsellipsoid zurück. Die Spannungen sind also dort:

$$t = \dfrac{\sin v}{p^2 q' \pi} \left(p' \left(k\, M_V - k\, \pi\, \dfrac{p^4}{4} - \mu\, M_O\right) - p\, q'\, (\mu\, O - k\, V)\right)$$

VIII $\quad n_2 = \dfrac{\mu\, M_O + k\, \pi\, \dfrac{p^4}{4} - k\, M_V}{p^2 q' \pi} \cdot \cos v$

$$n_1 = R_2\left(\Phi - \dfrac{n_2}{R_1}\right) = \dfrac{p}{q^1}\left[(k\,p + \mu\, q') + \dfrac{\mu\, M_O + k\, \pi\, \dfrac{p^4}{4} - k\, M_V}{p_2 q'^2 \pi} p''\right] \cos v$$

Diese Spannungen sind Zusatzspannungen zu den vom konstanten Innendruck hervorgerufenen Spannungen (§ 1, Gl. 1 und 2). Wir erkennen daraus, daß die zusätzlichen Ring- und Meridianspannungen am horizontalen Meridian

$$\left(v = \dfrac{\pi}{2}, \quad v = \dfrac{3\pi}{2}\right)$$

Null sind, auf der oberen Hälfte des Rotationsellipsoids anderes Zeichen haben wie auf der untern. Die Schubspannung ist Null am vertikalen Meridian und wechselt bei $v = \pi$ und $v = 2\pi$ das Zeichen, d. h. die Richtung, was aus Symmetriegründen notwendig ist. Das Maximum der Schubspannung ist auf jedem Parallelkreis am horizontalen Meridian, während die normalen Spannungen n_1 und n_2 ihre Höchstwerte am obern, ihre Mindestwerte am untern Teil des vertikalen Meridians erreichen.

Damit die Kräfte das als starr gedachte Ellipsoid im Gleichgewicht halten, ist notwendig, daß

4) $\qquad\qquad k\, \overline{V} = \mu\, \overline{O},$

wo $\overline{O}$ und $\overline{V}$ das ganze Volumen bzw. die ganze Oberfläche des Ellipsoids darstellen. Am Hauptspantquerschnitt nehmen O und V die Werte $\dfrac{\overline{O}}{2}$ und $\dfrac{\overline{V}}{2}$ an, es ist also dort μ O — k V Null; außerdem ist auch $\frac{dx}{du} = p'$ Null, so daß für t aus Gleichung VIII ebenfalls der Wert Null erfolgt. Wir können also sagen:

Der Hauptspantquerschnitt und der vertikale Meridian sind Hauptspannungslinien (t = 0).

Zur Ermittlung der Spannungen sind die Werte von O, V, M_O und M_V zu berechnen. Im allgemeinen Falle wird man sie mit dem Integraphen ermitteln, indem man die Funktion unter dem Integralzeichen graphisch aufträgt. Im Falle des Rotationsellipsoids führen jedoch die Integrale auf bekannte Funktionen, so daß ihr Wert auch rechnerisch bestimmt werden kann. Ist nämlich die Ellipse dargestellt durch:

5) $$x = a \sin \varphi = p$$
$$z = b \cos \varphi = q$$

so hängt die Bogenlänge u mit φ durch die Gleichung zusammen:

$$du = + \sqrt{dx^2 + dz^2} = + a\, d\varphi \sqrt{1 + \frac{b^2 - a^2}{a^2} \sin^2 \varphi} = a\, \Delta\varphi \cdot d\varphi.$$

Dann wird:

6) $$p' = \frac{\cos \varphi}{\Delta \varphi} \qquad p'' = -\frac{b^2}{a^3} \frac{\sin \varphi}{\Delta^4 \varphi}$$
$$q' = -\frac{b \sin \varphi}{a \Delta \varphi} \qquad q'' = -\frac{b}{a^2} \frac{\cos \varphi}{\Delta^4 \varphi}.$$

Wird zur Abkürzung

$$\beta^2 = \frac{b^2 - a^2}{a^2}$$

$$\varepsilon = \frac{1}{2} + \frac{1 + \beta^2}{2\beta} \operatorname{arc\,tg} \beta$$

gesetzt, dann werden die Integrale:

7) $$O = 2 a^2 \pi \left(\varepsilon - \frac{\cos \varphi\, \Delta\varphi}{2} - \frac{1 + \beta^2}{2\beta} \arcsin\left(\frac{\beta}{\sqrt{1 + \beta^2}} \cos \varphi \right) \right)$$

$$V = \frac{a^2 b \pi}{3} (2 - 3 \cos \varphi + \cos^3 \varphi)$$

$$M_O = 2 a^2 b \pi \left(-\frac{1}{3 \beta^2} - \varepsilon \cos \varphi + \frac{\Delta\varphi}{3\beta^2} \left(1 + \beta^2 + \frac{\beta^2}{2} \cos^2 \varphi\right) + \frac{1+\beta^2}{2\beta} \cos \varphi \cdot \arcsin\left(\frac{\beta}{\sqrt{1+\beta^2}} \cos \varphi\right) \right)$$

$$M_V - \frac{p^4}{4}\pi = \frac{a^4 \pi}{6} \left[\frac{3\beta^2}{2} - 4(1 + \beta^2) \cos \varphi + (6 + 3\beta^2) \cos^2 \varphi - \left(\frac{\beta^2}{2} + 2\right) \cos^4 \varphi \right]$$

Die Zahlenberechnung führen wir nun durch für eine Hülle von der Form eines verlängerten Rotationsellipsoids mit den Achsen b (Rotationsachse) = 1 m, a = $^1/_3$ m; als äußere Kräfte wirkt der mit der Höhe nach dem Gesetz $\Phi_0 + k \cdot h$ zunehmende Innendruck, der am horizontalen Meridian den Wert $\Phi_0 = 5$ kg/m² hat; unter Annahme von Wasserstoffüllung setzen wir für k = 1,1 kg/m³. Außerdem wirkt noch ein konstantes Hüllengewicht μ kg/m²; der Wert von μ ist bestimmt durch die Forderung

$$k \overline{V} - \mu \overline{O} = 0 \text{ zu}$$

$$\mu = k \frac{\overline{V}}{\overline{O}} = \frac{k \cdot \frac{4}{3} a^2 b \pi}{4 a^2 \pi \varepsilon} = \frac{b k}{3 \varepsilon} = 0{,}15 \frac{\text{kg}}{\text{m}^2},$$

ein Wert, der etwa für Papierhüllen zutrifft.

Der konstante Innendruck erzeugt die Spannungen $\frac{\Phi_0 R_2}{2}$ und $\frac{\Phi_0 R_2}{2}\left(2 - \frac{R_2}{R_1}\right)$, welche in Fig. IV durch ausgezogene Kurven dargestellt sind. Um τ und ν_2 zu erhalten, wurden für φ = 0°, 5°, 10°....90° die Werte von O, V, M_O, M_V berechnet und in die Formeln VI eingesetzt. So ergaben sich die in Tabelle II wiedergegebenen Werte für τ, ν_2. Da für v = 0 $n_1 = -\nu_1$, $n_2 = -\nu_2$ wird, erkennen wir, daß die von k und μ verursachten normalen Spannungen im obern Teil des Ellipsoids Zugspannungen, im untern Teil Druckspannungen sind; jedoch ist die Ringspannung innerhalb einer den Pol umschließenden Kalotte in der obern Hälfte Druckspannung, in der untern Zugpannung, während sie innerhalb des größten Teils des Ellipsoids dasselbe Verhalten wie die Meridianspannung zeigt. Wir können also sagen, daß die vom konstanten Innendruck erzeugten Zugspannungen in der obern Hälfte vergrößert, in der untern verkleinert werden. Die größte auftretende Spannung ist die Ringspannung am höchsten Punkt im Betrag von — 1637 g/m; der konstante Innendruck $\Phi_0 = 5$ kg/m² hätte nur ein Maximum von — 1573 g/m ergeben, so daß die prozentuale Vergrößerung ~ 4 % beträgt. Die kleinste normale Spannung wird dargestellt durch die einander gleiche Ring- und Meridianspannung an den Polen im Betrag von — 278 g/m. Die Schubspannungen sind verhältnismäßig klein, erreichen sie doch nur ein Maximum von 18 g/m für φ=50° am horizontalen Meridian, ungefähr in der Mitte zwischen Äquator und Pol. Die Spannungsverhältnisse für die übrigen Meridiane liegen innerhalb der extremen Verhältnisse, die sich am obern und untern Teil des vertikalen Meridians einstellen; ein Bild über Größe und Richtung der von k und μ erzeugten Spannungen gibt auch die Figur 8, welche die Spannungen enthält, die am Parallelkreis φ = 50° und am horizontalen Meridian anzubringen wären, wenn nach diesen Kurven durchschnitten würde.

Der größte Parallelkreis und der vertikale Meridian sind Hauptspannungslinien; im übrigen sind die Winkel α_1 und α_2, den die Hauptspannungslinien mit dem Meridian bilden, durch die Gleichung gegeben:

$$\operatorname{tg} 2\alpha = \frac{2t}{n_1 - n_2} = \frac{-2\tau \sin v}{(n_1)_{\Phi_0} - (n_2)_{\Phi_0} - (\nu_1 - \nu_2) \cos v}.$$

Tabelle II enthält die Werte von α längs des horizontalen Meridians; das Maximum von α liegt nahe dem Pol und beträgt ~ 3,7°. Da die Differenz $\nu_1 - \nu_2$

klein ist gegen $(n_1 - n_2)_{\Phi_0}$, können wir angenähert

$$\operatorname{tg} 2\alpha = \frac{-2\tau}{(n_1 - n_2)_{\Phi_0}} \sin v = (\operatorname{tg} 2\alpha)_{v=\frac{\pi}{2}} \cdot \sin v$$

setzen und ersehen aus dieser Form, daß für andere Meridiane die Hauptspannungslinien sich noch näher den Krümmungslinien anschließen. An den Polen ist $t = 0$, $n_1 = n_2$; dort ist die Spannungsindikatrix ein Kreis; die Pole sind Nabelpunkte im mechanischen Sinne.

Fassen wir dies zusammen, so ergibt sich für den Verlauf der Hauptspannungslinien folgendes ungefähres Bild (Fig. 9).

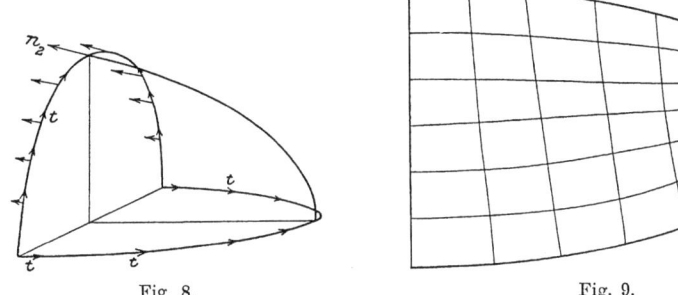

Fig. 8.   Fig. 9.

Fig. IV zeigt den Meridian des Rotationsellipsoids, den Verlauf der normalen und tangentialen Spannungen für den horizontalen Meridian $v = \frac{\pi}{2}$, $v = \frac{3\pi}{2}$, und für den obern ($v = 0$) und den untern Teil ($v = \pi$) des vertikalen Meridians.

§ 6.

Die Bestimmung der Funktionen $\varphi(w + iv)$, $\psi(w - iv)$ war in diesem Beispiel sehr einfach; haben wir es jedoch nur mit einem Teil eines Rotationsellipsoids zu tun, an dessen Begrenzung noch „Randkräfte" wirken, so sind die Funktionen φ und ψ aus der Bedingung zu ermitteln, daß die Spannungen am Rande gleich den Randkräften werden müssen; letztere müssen notwendigerweise tangential an die Fläche sein.

Es handle sich beispielsweise um die von dem horizontalen Meridian begrenzte obere Hälfte eines Rotationsellipsoids; auf die Hülle wirke ein konstanter Innendruck Φ_0, am Rande eine vertikale Last $= L(u)$ kg pro Längeneinheit. Die Annahme rotatorischer Spannungsverteilung, wie sie in § 1 gemacht wurde, geht hier nicht an; vielmehr liefern die Gleichungen V von § 4 durch Nullsetzen von k und µ die allgemeinen Spannungswerte:

1)
$$t = \frac{1}{p^2}(\varphi(w + iv) + \psi(w - iv))$$
$$n_2 = \Phi_0 \frac{R_2}{2} - \frac{i}{c} \frac{\varphi - \psi}{p\,q'}$$
$$n_1 = \Phi_0 \frac{R_2}{2}\left(2 - \frac{R_2}{R_1}\right) - \frac{i}{c} \frac{p''}{q'^3}(\varphi - \psi).$$

Die Bedingung, daß am Rande $n_1 = L(u)$ und $t = 0$ sein muß, liefert für φ und ψ die beiden Gleichungen:

2) $$\frac{\Phi_0 R_2}{2}\left(2 - \frac{R_2}{R_1}\right) - \frac{i}{c}\frac{p''}{q'^3}(\varphi - \psi) = L(u)$$
$$\varphi + \psi = 0.$$

Daraus finden wir die Werte der Funktionen φ und ψ am Rande; der Cauchysche Satz liefert dann die Werte im Innern.

Bei Wahl von $L(u)$ ist dabei die Bedingung zu erfüllen, daß sämtliche Kräfte die als starr gedachte Fläche im Gleichgewicht halten müssen. Das heißt in unserem Fall:

$$\iint_{\text{Innere}} \Phi_0 \, dF \cdot \alpha_3 = \int_{\text{Rand}} L \, du$$

ode
$$\Phi_0 \int_0^{1+\frac{\pi}{2}} \int_{-\frac{\pi}{2}}^{} p \, du \, dv \cdot - q' \cos v = 2 \int_0^{} L \, du$$

$$2\Phi_0 \int_0^1 -p \, q' \, du = 2\Phi_0 \int_0^\lambda p \, dz = \Phi_0 \cdot M = 2\int_0^1 L \, du$$

worin M die Fläche eines Achsenschnittes bedeutet; im Falle des Ellipsoids ist $M = a \, b \, \pi$.

Wählen wir in den Gleichungen 2) die Belastung

$$L(u) = \Phi_0 \frac{R_2}{2}\left(2 - \frac{R_2}{R_1}\right)$$

so werden die Randwerte von φ und ψ Null; also sind diese Funktionen im Innern überall Null. Wir erhalten:

$$t = 0 \qquad n_2 = \Phi_0 \frac{R_2}{2} \qquad n_1 = \Phi_0 \frac{R_2}{2}\left(2 - \frac{R_2}{R_1}\right),$$

ein Resultat, das ja nach § 1 und gemäß der Definition unserer Spannungen selbstverständlich und für alle Rotationsflächen gültig ist. Daß

$$L(u) = \Phi_0 \frac{R_2}{2}\left(2 - \frac{R_2}{R_1}\right)$$

der Bedingung genügt, ersehen wir aus folgendem:

Nach § 1 ist
$$\Phi_0 \frac{R^2}{2}\left(2 - \frac{R_2}{R_1}\right) = \Phi_0 \frac{df}{du},$$

also
$$2\int_0^1 L \, du = 2\int_0^1 \Phi_0 \frac{df}{du} \, du = 2\Phi_0 \int_0^1 df = \Phi_0 \cdot M.$$

Die obere Hälfte eines Rotationskörpers ist also im Gleichgewicht, wenn auf die Hülle ein konstanter Innendruck Φ_0, am horizontalen Meridian die Last

$$L = \frac{\Phi_0}{2} R_2 \left(2 - \frac{R_2}{R_1}\right)$$

pro Längeneinheit nach abwärts wirkt. Die erzeugten Spannungen sind:

$$t = 0 \qquad n_2 = \Phi_0 \frac{R_2}{2} \qquad n_1 = \Phi_0 \frac{R_2}{2}\left(2 - \frac{R_2}{R_1}\right).$$

Die am horizontalen Meridian verteilte Last hat die Summe $\Phi_0 \cdot M$.

In ganz gleicher Weise ist die untere Hälfte eines Rotationskörpers im Gleichgewicht unter Wirkung einer konstanten Normalkraft Φ_1 und einer Randkraft, welche am horizontalen Meridian nach dem Gesetz

$$L_1 = \Phi_1 \frac{R_2}{2}\left(2 - \frac{R_2}{R_1}\right),$$

vertikal nach aufwärts wirkt. Setzen wir nun beide Hälften zusammen samt den auf sie wirkenden Kräften, so erhalten wir einen geschlossenen Rotationskörper, an dessen horizontalem Meridian eine Last verteilt ist, welche nach dem Gesetz:

$$L_0 - L_1 = \frac{\Phi_0 - \Phi_1}{2} R_2 \left(2 - \frac{R_2}{R_1}\right)$$

vertikal nach abwärts wirkt, und als Resultante den Betrag $(\Phi_0 - \Phi_1) M$ hat; auf die obere Hälfte wirkt ein konstanter Innendruck Φ_0, auf die untere der ebenfalls konstante Normaldruck Φ_1. Die Spannungen sind in der oberen Hälfte:

$$(n_1)_0 = \frac{\Phi_0}{2} R_2 \left(2 - \frac{R_2}{R_1}\right) \qquad (n_2)_0 = \frac{\Phi_0}{2} R_2$$

unten

$$(n_1)_u = \frac{\Phi_1}{2} R_2 \left(2 - \frac{R_2}{R_1}\right) \qquad (n_2)_u = \frac{\Phi_1}{2} R_2.$$

Die zu hebende äußere Last ist gleich:

$$(\Phi_0 - \Phi_1) \cdot M.$$

Angenähert sind wir so zu einer Lösung des in der Praxis auftretenden Falles gekommen, wo längs eines am Tragkörper angebrachten Gurtes die äußere Last — Gondel samt Inhalt, Takelage — verteilt ist. Eine Abweichung von der Wirklichkeit tritt nur insofern ein, als der Innendruck proportional mit der Höhe wächst, während er bei dem beschriebenen Verfahren in jedem Teil als konstant zu betrachten ist. Wählen wir jedoch die konstanten Drucke Φ_0 oder Φ_1 so, daß $(\Phi_0 - \Phi_1) M = $ der zu hebenden Last ist und daß sie die wirklich auftretenden Normaldrucke überall übertreffen, so werden die damit berechneten Spannungen sicher auch größer als die wirklichen ausfallen.

Die eben entwickelte Methode — sie sei im folgenden angenähertes Verfahren genannt — läßt sich auch ausdehnen auf den in der Praxis häufigern Fall, daß die äußere Last längs eines auf der untern Hälfte verlaufenden Traggurtes verteilt ist. Setzt sich dieser Gurt aus Meridianen und Parallelkreisen zusammen, so ist die äußere Last nach dem Gesetze

$$n_1 = \frac{\Phi_0 - \Phi_1}{2} R_2 \left(2 - \frac{R_2}{R_1}\right)$$

normal zum Meridian und gemäß

$$n_2 = \frac{\Phi_0 - \Phi_1}{2} R_2$$

normal zum Parallelkreis zu verteilen. Bildet jedoch ein Linienelement der Traggurtkurve mit dem Meridian einen Winkel α, so bestimmen die Gleichungen 1) der Einleitung Normal- und Tangentialkomponente der anzubringenden spezifischen Belastung. Auf den oberhalb des Traggurtes gelegenen Teil der Rotationsfläche wirke der Druck Φ_0, auf den untern Teil Φ_1. Dann fordert die Gleichgewichtsbedingung:

Resultante der Last

$$= \iint_{\text{obern Teil}} \Phi_0 \, dF \, \alpha_3 - \iint_{\text{untern Teil}} \Phi_1 \, dF \, \alpha_3$$

$$= \Phi_0 \iint_{\text{obern Teil}} df_1 - \Phi_1 \iint_{\text{untern Teil}} df_2 = (\Phi_0 - \Phi_1) \cdot M',$$

wo df_1 und df_2 die Projektion des Flächenelements dF auf den horizontalen Meridian bedeuten und M' den Flächeninhalt der von der Projektion des Traggurtes auf den horizontalen Meridian umschlossenen Fläche vorstellt.

Gewinnen wir so eine obere Grenze der vom Innendruck und der Last hervorgerufenen Spannungen, so bleibt noch zu entscheiden, ob das Hüllengewicht und die Zunahme des Innendrucks mit der Höhe eine bedeutende Erhöhung der Spannungen hervorbringen. Dies untersuchen wir nun an einem Rotationsellipsoid, indem wir sämtliche Kräfte in zwei Systeme teilen:

I. Wir nehmen von dem Innendruck k · x einen Teil $k_1 \cdot x$ hinweg, so daß dieser Druck und das Hüllengewicht μ kg/m² sich das Gleichgewicht halten; k_1 bestimmt sich folglich aus der Gleichung

$$k_1 \cdot \overline{V} = \mu \, \overline{O}.$$

II. Das zweite System bilde der restierende Innendruck $k_2 \cdot x = (k - k_1) x$ und die am Traggurt verteilte äußere Last; die hierdurch erzeugten Spannungen bestimmen sich aus dem „angenäherten Verfahren".

Für I erhalten wir die Spannungen in den Gleichungen VIII § 5; wir benötigen jedoch nur die maximalen Spannungen, welche wie das dort behandelte Beispiel zeigte, am höchsten Punkt, d. h. für $\varphi = \frac{\pi}{2}$, $v = 0$ auftreten. Dafür wird:

$$n_2 = \left[\frac{\mu M_0 + k_1 \pi \cdot \frac{p^4}{4} - k_1 M_V}{p^2 q' \pi} \right]_{\varphi = \frac{\pi}{2}}$$

Beim Rotationsellipsoid (siehe Gl. 5) und 6) von § 5) ist nun für

$$\varphi = \frac{\pi}{2}, \qquad p^2 = a^2, \qquad q' = 1$$

$$M_0 = \frac{2}{3} \pi \frac{a \, b \, (a^2 + a\,b + b^2)}{a + b}$$

$$M_V - \pi \frac{p^4}{4} = \frac{\pi}{4} a^2 (b^2 - a^2).$$

n_1 bestimmt sich dazu aus Gleichung:

$$\frac{n_1}{R_2} + \frac{n_2}{R_1} = \Phi,$$

oder

$$\frac{n_1}{-\frac{b^2}{a}} + \frac{n_2}{-\frac{b^2}{a}} = k_1 \cdot a - \mu.$$

Ein Beispiel wird diese Verhältnisse noch klarer erscheinen lassen:
Gegeben ein Tragkörper von der Form eines Rotationsellipsoids:

a = 5 m, b = 30 m, Rotationsachse.

Hüllengewicht = μ = 0,3 kg/m².

Auftrieb: k = 1,1 kg/m³.

Am horiz. Meridian Druck Φ_0 = 25 kg/m².

Die Last soll am horizontalen Meridian verteilt werden.

Volumen $\overline{V} = {}^4/_3 \, a^2 \, b \, \pi$ = 3142 m³.

Oberfläche $\overline{O} = 4 a^2 \pi \cdot \varepsilon$ = 1498 m².

Somit Auftrieb = $k \cdot \overline{V}$ = 1,1 · 3142 = 3456 kg.

Gewicht der Hülle = $\mu \, \overline{O}$ = 0,3 · 1498 = 449,5 kg.

Also ist die Last, die noch getragen werden kann:

$$k \, \overline{V} - \mu \, \overline{O} = 3456 - 450 = 3006 \text{ kg.}$$

Um die von System I verursachten Spannungen zu finden, bilden wir k_1 aus der Gleichung $k_1 \overline{V} - \mu \overline{O} = 0$:

$$k_1 = \frac{\mu \, \overline{O}}{\overline{V}} = \frac{0,3 \cdot 1498}{3142} = 0,143 \text{ kg/m}^3.$$

Die maximale Meridianspannung, die am höchsten Punkte auftritt, berechnet sich nach Gleichung VIII von § 5 zu:

$$n_2 = \frac{1}{a^2} \left[\frac{2}{3} \mu \frac{a \, b \, (a^2 + a \, b + b^2)}{a + b} - \frac{k_1}{4} a^2 (b^2 - a^2) \right]$$

$$= \frac{1}{25} \left[\frac{2}{3} 0,3 \frac{150 \cdot 1075}{35} - \frac{0,143}{4} 25 \cdot 875 \right]$$

$(n_2)_{max} = -5,6$ kg/m.

$(n_1)_{max}$ berechnet sich aus:

$$\frac{n_1}{-5} + \frac{n_2}{-\frac{900}{5}} = k_1 a - \mu = 0,143 \cdot 5 - 0,3 = 0,415$$

$$(n_1)_{max} = -5 \left(0,415 - \frac{5 \cdot 5,6}{900} \right) = -1,5 \text{ kg/m.}$$

Nach Wegnahme des Druckes $k_1 \cdot x$ bleiben für das System II noch folgende Drucke:

am horizontalen Meridian 25 kg/m²,

am höchsten Punkt: $25 + (k - k_1) \cdot 5 = 25 + 1,0 \cdot 5 = 30 \text{ kg/m}^2$,
am tiefsten Punkt: $25 - (k - k_1) \cdot 5 = 20 \text{ kg/m}^2$.

Beim angenäherten Verfahren haben wir Φ_0 und Φ_1 so zu wählen, daß an jeder Stelle in Wirklichkeit ein kleinerer Druck ist; außerdem muß die Gleichung erfüllt sein:

$$(\Phi_0 - \Phi_1) \cdot M = \text{Last}$$
$$(\Phi_0 - \Phi_1) \cdot a \, b \, \pi = k V - \mu O = k V - k_1 V$$
$$\Phi_0 - \Phi_1 = \frac{3006}{150 \cdot \pi} = 6,39 \text{ kg/m}^2.$$

Wählen wir nun auf der unteren Hälfte $\Phi_1 = 25 \text{ kg/m}^2$, so wird auf der oberen $\Phi_0 = 25 + 6,4 = 31,4 \text{ kg/m}^2$; der wirkliche Innendruck ist also überall kleiner. Hätten wir Φ_0 gleich dem Druck im höchsten Punkt $= 30 \text{ kg/m}^2$ angenommen, so wäre $\Phi_1 = 30 - 6,4 = 23,6 \text{ kg/m}^2$ geworden und also kleiner als der am horizontalen Meridian tatsächliche Druck 25 kg/m^2 geworden. Diese Annahme würde also unsere Bedingung nicht erfüllen. Die bei System II auftretenden maximalen Spannungen, welche sich auf der oberen Hälfte des Äquators einstellen, berechnen sich zu:

$$(n_2)_{max} = \frac{\Phi_0 R_2}{2} = -\frac{31,4}{2} \cdot 5 = -78,5 \text{ kg/m},$$

$$(n_1)_{max} = \frac{\Phi_0 R_2}{2}\left(2 - \frac{R_2}{R_1}\right) = -78,5\left(2 - \frac{1}{36}\right) = -154,7 \text{ kg/m}.$$

Die Verteilung der äußeren Last 3006 kg erfolgt nach dem Gesetze:
Belastung pro Meter des horizontalen Meridians

$$= \frac{\Phi_0 - \Phi_1}{2} R_2 \left(2 - \frac{R_2}{R_1}\right).$$

Diese spezifische Belastung zeigt qualitativ denselben Verlauf wie die Ringspannung für konstanten Innendruck $\left(\text{siehe z. B. Tafel IV die Kurve } n_1 \text{ für } v = \frac{\pi}{2}\right)$; d. h. sie hat ihr Maximum am Äquator, ihr Minimum am Pol; und zwar ist in unserm Falle:

$$L_{max} = -\frac{6,39}{2} \cdot 5\left(2 - \frac{1}{36}\right) = 15,7 \text{ kg/m},$$

$$L_{min} = -\frac{6,39}{2} \cdot \frac{a^2}{b}(2 - 1) = 2,7 \text{ kg/m}.$$

Fassen wir nun zusammen:

Von System I erzeugte Spannungen: $(n_1)_{max} = -1,5$; $(n_2)_{max} = -5,6 \text{ kg/m}$,
,, ,, II ,, ,, $(n_1)_{max} = -154,7$; $(n_2)_{max} = -78,5 \text{ kg/m}$.

Diese maximalen Spannungen treten sämtlich im höchsten Punkt auf; rechnen wir dazu die von Strömungsdruck und Reibung ungefähr an derselben Stelle erzeugten Maximalspannungen, die sich in Tabelle I allerdings für einen andern Tragkörper berechnet vorfinden, so ergibt sich eine Erhöhung von -13 kg/m

Die wirklichen Innendrucke sind:

am tiefsten Punkt $= 25 - 1{,}1 \cdot 5 = 19{,}5 \text{ kg/m}^2$,
in der Mitte der Höhe $= 25 \text{ kg/m}^2$,
am höchsten Punkt $25 + 1{,}1 \cdot 5 = 30{,}5 \text{ kg/m}^2$.

Wählen wir $\Phi_1 = 25 \text{ kg/m}^2$, dann ist $\Phi_0 = 25 + 7{,}7 = 32{,}7 \text{ kg/m}^2$; die Drucke sind dann sowohl oberhalb als unterhalb des Traggurtes größer als die wirklichen. Die maximale Spannung ist nach dem Näherungsverfahren:

$$n_1 = \Phi_0 \frac{R_2}{2}\left(2 - \frac{R_2}{R_1}\right) = \frac{\Phi_0 R_2}{2} \cdot 2 = -\Phi_0 \cdot a = -32{,}7 \cdot 5$$

$$(n_1)_{max} = -163{,}5 \text{ kg/m},$$

während die genaue Rechnung $-151{,}0 \text{ kg/m}$ ergab.

Für Kugel und Zylinder liefert also das angenäherte Verfahren größere Spannungswerte als die exakte Berechnung. Dies gibt eine Bestätigung der auf Seite 39 aufgestellten Regel, da die Tragkörperformen eine Mittelstellung zwischen der Zylinder- und Kugelform einnehmen.

— 44 —

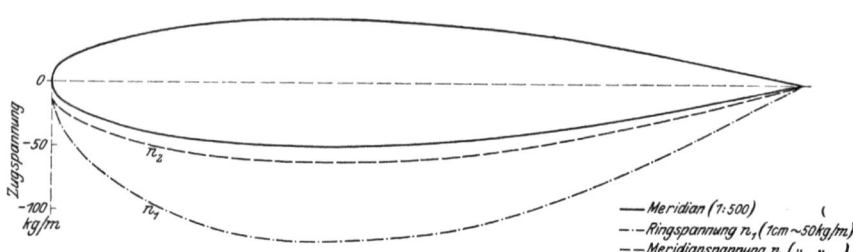

Fig. I. Spannungsverteilung bei konstantem Innendruck $\Phi_0 = 25$ kg/m².

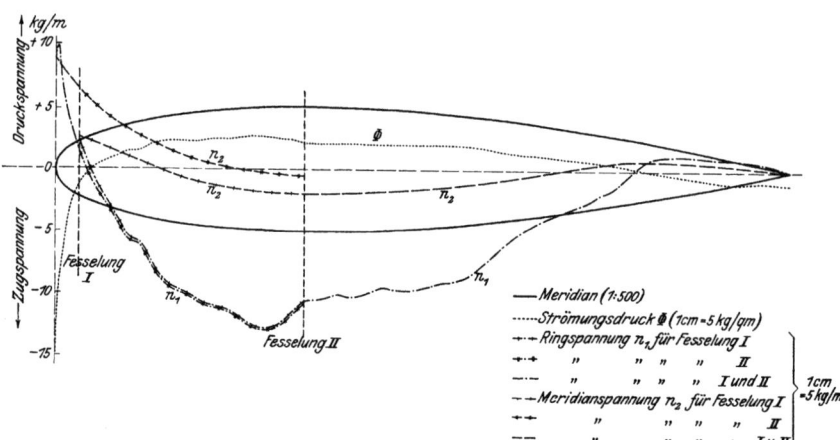

Fig. II. Spannungsverteilung hervorgerufen durch den Strömungsdruck.

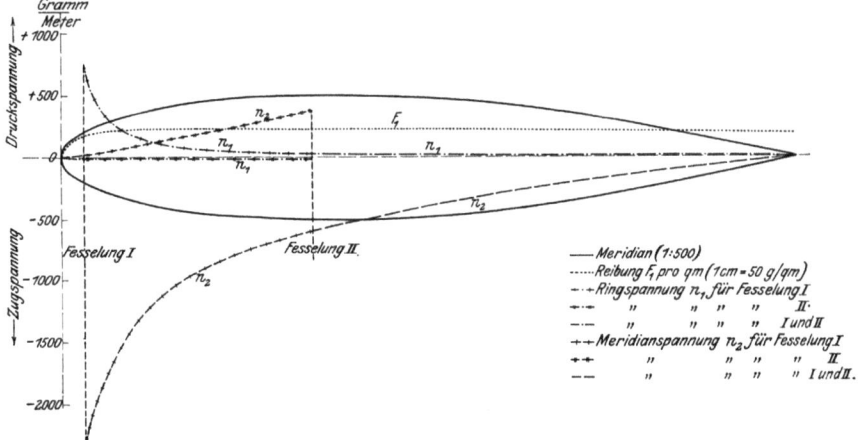

Fig. III. Spannungsverteilung hervorgerufen durch Reibung der Luft an der Hülle.

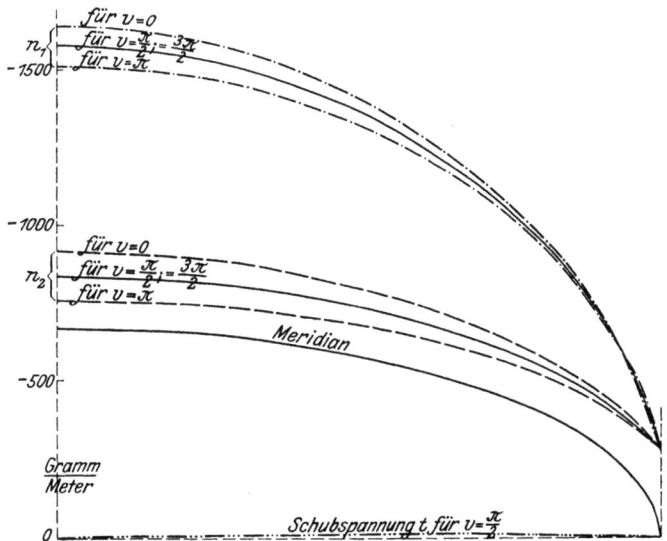

Fig. IV. Spannungsverteilung auf einem verlängerten Rotationsellipsoid.
Äußere Kräfte: konstantes Hüllengewicht $\mu = 0{,}15$ kg/m; Innendruck Φ, proportional mit der Höhe zunehmend. Φ ist am horizontalen Meridian $= 5$ kg/m² und wächst mit der Höhe nach dem Gesetz $\Phi = \Phi_0 + k \cdot h = 5 + 1{,}1 \cdot h$, wobei Wasserstoffüllung angenommen ist. Die Kurven zeigen den Verlauf von n_1, n_2, t für den horizontalen Meridian $\left(v = \dfrac{\pi}{2}, = \dfrac{3\pi}{2}\right)$ für den obern und untern Teil des vertikalen Meridians, d. h. für $v = 0$ u. $v = \pi$. Die ausgezogenen Spannungskurven geben zugleich die normalen Spannungen bei konstantem Innendruck $\Phi_0 = 5$ kg/m². Maßstab des Meridians: 1 : 10.

Tabelle
Spannungsverteilung für einen Tragkörper

Nr.	Abmessungen des Tragkörpers				Von $\Phi_0 = 25$ kg/m² verurs. Spannung		Strömungsdruck und die durch ihn verursachten Spannungen					
	$Z = q$ Meter	$X = p$ Meter	R_2 Meter	R_2/R_1	$(n_2)\phi_0$	$(n_1)\phi_0$	z	Φ kg/m²	n_2 kg/m		n kg/m	
									Fess. I	Fess. II	Fess. I	Fess. II
1	0,00	0,0	1,2	1	— 14,0	— 14,0	— 1,00	— 14,78	+ 8,87	+ 8,87	+ 8,87	+ 8,87
2	0,14	0,58	1,31	0,75	— 16,4	— 20,8	— 0,834	— 12,32	+ 8,48	+ 8,48	+ 9,79	+ 9,79
3	0,52	1,14	1,64	0,53	— 20,5	— 30,2	— 0,467	— 6,90	+ 8,47	+ 8,47	+ 6,75	+ 6,75
4	1,16	1,65	2,00	0,42	— 25,0	— 39,3	— 0,24	— 3,55	+ 7,47	+ 7,47	+ 3,96	+ 3,96
5	1,95	2,10	2,31	0,26	— 28,9	— 50,0	— 0,098	— 1,45	+ 6,62 / + 2,52	+ 6,62	+ 1,63 / + 2,69	+ 1,63
6	2,83	2,48	2,66	0,21	— 33,3	— 60,0	— 0,014	— 0,21	+ 2,31	+ 5,57	+ 0,08	— 0,61
7	3,73	2,82	3,01	0,18	— 37,6	— 69,0	+ 0,026	+ 0,38	+ 1,99	+ 4,82	— 1,50	— 2,01
8	4,75	3,13	3,28	0,15	— 41,0	— 76,0	+ 0,058	+ 0,86	+ 1,57	+ 4,09	— 3,06	— 3,43
9	5,83	3,43	3,56	0,12	— 44,5	— 84,0	+ 0,095	+ 1,40	+ 1,11	+ 3,38	— 5,13	— 5,41
10	6,92	3,69	3,78	0,10	— 47,3	— 90,0	+ 0,101	1,49	+ 0,65	+ 2,74	— 5,69	— 5,90
11	8,12	3,94	3,99	0,09	— 49,8	— 95,0	0,132	1,95	+ 0,21	+ 2,16	— 7,81	— 7,98
12	9,35	4,15	4,20	0,08	— 52,5	— 101,0	0,15	2,22	— 0,22	+ 1,62	— 9,30	— 9,46
13	10,64	4,33	4,38	0,075	— 54,8	— 109,6	0,149	2,20	— 0,58	+ 1,17	— 9,60	— 9,74
14	12,08	4,52	4,55	0,07	— 56,9	— 113,8	0,159	2,35	— 0,95	+ 0,72	— 10,61	— 10,73
15	13,43	4,64	4,65	0,065	— 58,1	— 116,2	0,163	2,41	— 1,20	+ 0,42	— 11,12	— 11,23
16	14,88	4,76	4,78	0,055	— 59,8	— 119,6	0,165	2,44	— 1,46	+ 0,12	— 11,59	— 11,67
17	16,35	4,86	4,88	0,045	— 61,0	— 122,0	0,176	2,60	— 1,66	— 0,10	— 12,61	— 12,68
18	17,81	4,95	4,96	Von hier ab gleich Null gesetzt	— 62,0	— 124,0	0,174	2,57	— 1,84	— 0,32	— 12,76	— 12,79
19	19,24	4,98	4,99		— 62,4	— 124,8	0,166	2,45	— 1,90	— 0,39	— 12,22	— 12,25
20	20,80	5,00	5,00		— 62,5	— 125,0	0,144	2,13	— 1,94	— 0,41 / — 1,94	— 10,57	— 10,63 / — 10,57
21	22,03	5,00	5,00	—	— 62,5	— 125,0	0,144	2,13	— 1,93	—	— 10,52	—
22	23,35	4,98	4,99	—	— 62,4	— 124,8	0,136	2,01	— 1,91	—	— 10,00	—
23	24,65	4,96	4,97	—	— 62,1	— 124,2	0,139	2,06	— 1,87	—	— 10,23	—
24	26,06	4,92	4,93	—	— 61,6	— 123,2	0,136	2,01	— 1,81	—	— 9,92	—
25	27,44	4,88	4,89	—	— 61,1	— 122,2	0,132	1,95	— 1,75	—	— 9,54	—
26	28,78	4,84	4,85	—	— 60,6	— 121,2	0,135	2,00	— 1,69	—	— 9,70	—
27	30,18	4,76	4,77	—	— 59,7	— 119,4	0,137	2,02	— 1,57	—	— 9,63	—
28	31,55	4,68	4,69	—	— 58,6	— 117,2	0,133	1,97	— 1,44	—	— 9,24	—
29	32,86	4,58	4,59	—	— 57,4	— 114,8	0,133	1,97	— 1,28	—	— 9,03	—
30	34,18	4,48	4,50	—	— 56,3	— 112,6	0,130	+ 1,92	— 1,13	—	— 8,63	—
31	35,45	4,35	4,37	—	— 54,6	— 109,2	+ 0,118	+ 1,75	— 0,93	—	— 7,65	—
32	36,80	4,19	4,21	—	— 52,6	— 105,2	0,104	+ 1,54	— 0,71	—	— 6,48	—
33	38,14	4,04	4,09	—	— 51,1	— 102,2	0,089	+ 1,32	— 0,48	—	— 5,38	—
34	39,40	3,94	3,95	—	— 48,9	— 97,8	0,081	+ 1,20	— 0,41	—	— 4,68	—
35	40,60	3,71	3,75	—	— 46,9	— 93,8	0,072	1,06	— 0,18	—	— 3,99	—
36	42,38	3,46	3,49	—	— 43,6	— 87,2	0,060	0,89	— 0,05	—	— 3,11	—
37	43,57	3,27	3,29	—	— 41,1	— 82,2	0,056	0,83	+ 0,21	—	— 2,72	—
38	44,77	3,07	3,10	—	— 38,8	— 77,6	0,046	0,68	+ 0,38	—	— 2,11	—
39	45,90	2,87	2,91	—	— 36,4	— 72,8	0,041	0,61	+ 0,53	—	— 1,76	—
40	47,00	2,67	2,71	—	— 33,9	— 67,8	+ 0,020	0,30	+ 0,67	—	— 0,80	—
41	48,18	2,46	2,49	—	— 31,2	— 62,4	— 0,007	— 0,103	+ 0,76	—	+ 0,26	—
42	49,28	2,26	2,31	—	— 28,9	— 57,8	— 0,029	— 0,429	+ 0,77	—	+ 0,99	—
43	50,40	2,05	2,10	—	— 25,3	— 50,6	— 0,037	— 0,547	+ 0,74	—	+ 1,09	—
44	51,57	1,85	1,89	—	— 23,6	— 47,2	— 0,040	— 0,592	+ 0,72	—	+ 1,12	—
45	52,76	1,62	1,66	—	— 20,8	— 41,6	— 0,048	— 0,710	+ 0,66	—	+ 1,18	—
46	53,95	1,41	1,46	—	— 18,2	— 36,4	— 0,053	— 0,784	+ 0,59	—	+ 1,14	—
47	55,00	1,22	1,24	—	— 15,5	— 31,0	— 0,056	— 0,828	+ 0,53	—	+ 1,03	—
48	56,00	0,98	1,00	—	— 12,5	— 25,0	— 0,060	— 0,887	+ 0,43	—	+ 0,89	—
49	56,70	0,87	0,89	—	—	—	— 0,061	— 0,902	+ 0,38	—	+ 0,80	—
50	57,72	0,70	0,68	—	— 8,5	— 17,0	— 0,059	— 0,873	+ 0,32	—	+ 0,59	—
51	58,55	0,54	0,52	—	— 6,5	— 13,0	— 0,062	— 0,917	+ 0,25	—	+ 0,48	—
52	59,32	0,39	0,4	—	— 3,8	— 7,6	nicht gemessen	—	—	—	—	—
53	60,00	0,26	0,2	—	— 1,9	— 3,8	— 0,069	— 1,02	+ 0,13	—	+ 0,25	—
54	60,68	0,13	0,1	—	— 0,9	— 1,8	nicht gemessen	—	—	—	—	—
55	61,01	0	0,0	—	0	0	—	—	0	—	0	—

Maximal- und Minimalwerte sind durch Fettdruck gekennzeichnet. Positive Spannungen
Figur I, II, III.)

— 47 —

I.
von der auf Figur I, II, III eingezeichneten Form.

F_1 g/m²	Reibung und die dadurch verursachten Spannungen				Summe der von Strömungsdruck und Reibung verursachten Spannungen			
	n_2 g/m		n_1 g/m		n_2 kg/m		n_1 kg/m	
	Fess. I	Fess. II	Fess. I	Fess. II	Fess. I	Fess. II	Fess. I	Fess. II
0	0	0	0	0	+ 8,87	+ 8,87	+ 8,87	+ 8,87
3	+ 0,5	+ 0,5	— 0,4	— 0,4	+ 8,48	+ 8,48	+ 9,79	+ 9,79
11	+ 3,8	+ 3,8	— 2,1	— 2,1	+ 8,47	+ 8,47	+ 6,75	+ 6,75
15	+ 11,2	+ 11,2	— 4,7	— 4,7	+ 7,48	+ 7,48	+ 3,96	+ 3,96
18	{+ **22,4** / — **2610**}	+ 22,4	{— 6,6 / + 770}	— 6,6	{+ 6,64 / — 0,09}	+ 6,64	{+ 1,63 / + 3,46}	+ 1,63
20	— 2060	+ 35,8	+ 440	— 7,5	+ 0,25	+ 5,61	+ 0,52	— 0,61
20,5	— 1770	+ 49,6	+ 320	— 8,9	+ 0,22	+ 4,87	— 1,18	— 2,02
21,2	— 1560	+ 66,2	+ 240	— 11,0	+ 0,01	+ 4,16	— 2,82	— 3,44
21,8	— 1380	+ 84,1	+ 170	— 10,1	— 0,27	+ 3,46	— 4,96	— 5,42
22,0	— 1240	+ 101	+ 130	— 10,0	— 0,59	+ 2,84	— 5,56	— 5,91
22,6	— 1140	+ 122	+ 105	— 11,0	— 0,93	+ 2,28	— 7,71	— 7,99
23,0	— 1040	+ 144	+ 82	— 11,3	— 1,26	+ 1,76	— 9,22	— 9,47
23,0	— 963	+ 166	+ 74	— 12,8	— 1,54	+ 1,34	— 9,53	— 9,75
23,1	— 887	+ 194	+ 66	— 14,4	— 1,84	+ 0,91	— 10,0	— 10,74
23,2	— 830	+ 220	+ 54	— 11,2	— 2,03	+ 0,64	— 11,07	— 11,24
23,3	— 770	+ 249	+ 35	— 11,0	— 2,23	+ 0,37	— 11,55	— 11,68
23,5	— 721	+ 280	+ 29	— 10,9	— 2,38	+ 0,18	— **12,58**	— **12,69**
23,5	— 670	+ 310	linear gegen Null abfallend		— 2,51	— 0,01	von hier ab = $(n_1)\phi$	
23,3	— 636	+ 341	—	—	— **2,54**	— 0,05		
22,9	— 590	{+ 378 / — **590**}	—	—	— 2,53	{— 0,02 / — **2,53**}	—	—
22,9	— 562	—	—	—	— 2,49	—	—	—
22,7	— 532	—	—	—	— 2,44	—	—	—
22,8	— 507	—	—	—	— 2,38	—	—	—
22,7	— 477	—	—	—	— 2,29	—	—	—
22,6	— 447	—	—	—	— 2,20	—	—	—
22,7	— 420	—	—	—	— 2,01	—	—	—
22,7	— 393	—	—	—	— 1,96	—	—	—
22,6	— 368	—	—	—	— 1,81	—	—	—
22,6	— 345	—	—	—	— 1,62	—	—	—
22,6	— 323	—	—	—	— 1,45	—	—	—
22,4	— 302	—	—	—	— 1,23	—	—	—
22,1	— 280	—	—	—	— 0,99	—	—	—
21,8	— 261	—	—	—	— 0,74	—	—	—
21,6	— 240	—	—	—	— 0,65	—	—	—
21,4	— 226	—	—	—	— 0,41	—	—	—
21,2	— 202	—	—	—	— 0,25	—	—	—
21,1	— 188	—	—	—	+ 0,03	—	—	—
20,9	— 173	—	—	—	+ 0,21	—	—	—
20,8	— 158	—	—	—	+ 0,37	—	—	—
20,4	— 147	—	—	—	+ 0,52	—	—	—
19,9	— 134	—	—	—	+ 0,63	—	—	—
19,4	— 121	—	—	—	+ 0,65	—	—	—
19,3	— 110	—	—	—	+ 0,63	—	—	—
19,2	— 97	—	—	—	+ 0,62	—	—	—
19,0	— 85	—	—	—	+ 0,58	—	—	—
18,9	— 72	—	—	—	+ 0,52	—	—	—
18,9	— 62	—	—	—	+ 0,47	—	—	—
18,8	— 54	—	—	—	+ 0,38	—	—	—
18,8	— 46	—	—	—	+ 0,33	—	—	—
18,8	— 34	—	—	—	+ 0,29	—	—	—
18,7	— 26	—	—	—	+ 0,22	—	—	—
—	—	—	—	—	—	—	—	—
18,6	— 10	—	—	—	+ 0,12	—	—	—
…	—	—	—	—	—	—	—	—
—	0	—	—	—	0	—	—	—

bedeuten Druckspannungen. Negative Spannungen bedeuten Zugspannungen. (Vergleiche hierzu

Tabelle II.

Spannungsverteilung auf einem verlängerten Rotations-Ellipsoid-$\left(\text{Achsen } \begin{array}{l} a = 1\,m \\ b = {}^1/_3 m \end{array}\right)$, wenn als äußere Kräfte ein konstantes Oberflächengewicht $\mu = 0{,}15$ kg/m² und ein proportional mit der Höhe zunehmender Innendruck $\Phi = \Phi_0 + k\,h = 5 + 1{,}1\,h$ (kg/m²) wirken.

φ	z cm	x cm	$(n_2)\phi_0$	$(n_1)\phi_0$	ν_2	τ	ν_1	$v = 0$		$v = \pi$		tg 2 α	α
								n_1	n_2	n_1	n_2		
0°	100	0,0	— 278	— 278	0	0	0	— 278	— 278	— 278	— 278	0/0	unbest
5°	99,6	2,9	— 286	— 302	1	1	— 0	— 302	— 287	— 302	— 285	0,125	3,6°
10°	98,4	5,8	— 310	— 370	3	4	— 2	— 368	— 313	— 372	— 307	0,133	3,8°
15°	96,4	8,6	— 345	— 466	6	7	— 3	— 463	— 351	— 469	— 339	0,116	3,3°
20°	94,0	10,9	— 388	— 576	10	11	— 3	— 573	— 398	— 579	— 378	0,122	3,4°
25°	90,4	14,1	— 433	— 689	14	13	+ 1	— 690	— 447	— 688	— 419	0,105	3,0°
30°	86,6	16,6	— 481	— 802	19	15	+ 4	— 806	— 500	— 798	— 462	0,093	2,6°
35°	82,0	19,1	— 530	— 915	25	16	8	— 924	— 555	— 906	— 505	0,084	2,4°
40°	76,6	21,4	— 576	— 1017	32	18	15	— 1032	— 608	— 1002	— 544	0,080	2,3°
45°	70,8	23,6	— 622	— 1118	40	18	21	— 1139	— 662	— 1097	— 582	0,073	2,1°
50°	64,3	25,5	— 662	— 1207	46	18,5	28	— 1235	— 708	— 1179	— 616	0,070	1,9°
55°	57,4	27,3	— 702	— 1292	53	18	35	— 1327	— 756	— 1257	— 648	0,062	1,7°
60°	50,0	28,8	— 735	— 1363	59	17	41	— 1404	— 794	— 1322	— 676	0,056	1,6°
65°	42,4	30,2	— 764	— 1425	64	15	48	— 1473	— 828	— 1377	— 700	0,046	1,3°
70°	34,2	31,3	— 789	— 1480	68	13	54	— 1534	— 857	— 1426	— 721	0,038	1,1°
75°	25,9	32,2	— 808	— 1522	74	10	58	— 1580	— 882	— 1464	— 734	0,029	0,8°
80°	17,4	32,8	— 822	— 1549	77	7	61	— 1610	— 899	— 1488	— 745	0,020	0,6°
85°	8,7	33,2	— 831	— 1569	78	4	63	— 1632	— 909	— 1506	— 753	0,010	0,3°
90°	0,0	33,3	— 833	— 1573	79	0	64	— 1637	— 912	— 1509	— 754	0,000	0°

Die Spannungen sind in g/m angegeben. Vergleiche hierzu Fig. IV.

If you have any concerns about our products,
you can contact us on
ProductSafety@springernature.com

In case Publisher is established outside the EU,
the EU authorized representative is:
**Springer Nature Customer Service Center GmbH
Europaplatz 3, 69115 Heidelberg, Germany**

Printed by Libri Plureos GmbH
in Hamburg, Germany